森林報

目川文化

目錄

【秋】

【冬】

☆【推薦序】

陳欣希（臺灣讀寫教學研究學會理事長、曾任教育部國中小閱讀推動計畫協同主持人）

我們讀的故事，決定我們成為什麼樣的人！

經典，之所以成為經典，就是因為——其內容能受不同時空的讀者青睞，而且，無論重讀幾次都有新的體會！

兒童文學的經典，也不例外，甚至還多了個特點——適讀年齡：從小、到大、到老！

◇年少時，這些故事令人眼睛發亮，陪著主角面對問題、感受主角的喜怒哀樂……，漸漸地，有些「東西」留在心裡。

◇年長時，這些故事令人回味沈思，發現主角的處境竟與自己的際遇有些相似……，漸漸地，那些「東西」浮上心頭。

◇年老時，這些故事令人會心一笑，原來，那些「東西」或多或少已成為自己的一部分了。

是的，我們讀的故事，決定我們成為什麼樣的人。

擅長寫故事的作者，總是運用其文字讓我們讀者感受到「主角如何面對自己的處境、有何情緒反應、如何解決問題、擁有什麼樣的個性特質、如何與身邊的人互動……」。就這樣，在閱讀的過程中，我們會遇到喜歡的主角，漸漸形塑未來的自己；在閱讀的過程中，我們會感受不同時代、不同國家的文化，漸漸拓展寬廣的視野！

鼓勵孩子讀經典吧！這些故事能豐厚生命！若可，與孩子共讀經典，聊聊彼此的想法，不僅促進親子的情感、了解小孩的想法、也能讓自己攝取生命的養份！

倘若孩子還未喜愛上閱讀，可試試下面提供的小訣竅，幫助孩子親近這些經典名著！

【閱讀前】和小孩一起「看」書名、「猜」內容

以《頑童歷險記》一書為例！

先和小孩看「書名」，頑童、歷險、記，可知這本書記錄了頑童的歷險故事。接著，和小孩猜猜「頑童可能是什麼樣的人？可能經歷了什麼危險的事……」。然後，就放手讓小孩自行閱讀。

【閱讀後】和小孩一起「讀」片段、「聊」想法

挑選印象深刻的段落朗讀給彼此聽，和小孩聊聊——或是看這本書的心情、或是喜歡哪一個角色、或是覺得自己與哪個角色相似……。

陳安儀（親職專欄作家、「多元作文」和「媽媽 Play 親子聚會」創辦人）

在這麼多年教授閱讀寫作的歷程之中，經常有家長詢問我，該如何為孩子選一本好書？而我常常告訴家長：「如果你對童書或是兒少書籍真的不熟，不知道要給孩子推薦什麼書，沒有關係，選『經典名著』就對了！」

為什麼呢？道理很簡單。一部作品，要能夠歷經時間的汰選，數十年、甚至數百年後依舊能廣受歡迎、歷久不衰，證明這本著作一定有其吸引人的魅力，以及亙古流傳的核心價值，才能夠不畏國家民族的更替、不懼社會經濟的變遷，一代傳一代，不褪流行、不嫌過時，歷久彌新，長久流傳。

這些世界名著，大多有著個性鮮明的角色、精采的情節，以及無窮無盡的想像力，令人目不轉睛、百讀不厭。此外，**這類作品也不著痕跡的推崇良善的道德品格，讓讀者在不知不覺的閱讀經驗之中，潛移默化，從中學習分辨是非善惡、受到感動啟發。**

比如說《地心遊記》的作者凡爾納，他被譽為「科幻小說之父」，知名的作品有《海底兩萬里》、《環遊世界八十天》……等六十餘部。這本《地心遊記》廣受大人小孩的喜愛，一共被搬上銀幕八次之多！凡爾納的文筆幽默，且本身喜愛研究科學，因此他的《地心遊記》不但故事緊湊，冒險刺激，而且很多描述到現在來看，仍未過時，甚至有些發明還成真了呢！

又如兒童文學的代表作品《祕密花園》，或是馬克・吐溫的《頑童歷險記》，驕縱的女主角瑪麗和流浪兒哈克，以及調皮搗蛋的湯姆，雖然不屬於傳統乖乖牌的孩子，性格灑脫不羈，無法在課業表現、生活常規上受到家長老師的稱讚，但是除卻一些小奸小惡，在大節上他們卻是堅守正義、伸張公理的一方。而且比起一般孩子來，更加勇敢、獨立，富於冒險精神。這不正是我們的社會裡，一直欠缺卻又需要的英雄性格嗎？

還有像是《青鳥》，這個家喻戶曉的童話故事，藉由小兄妹與光明女神尋找幸福青鳥的過程，作者以隱喻的方式，將人世間的悲傷、快樂、死亡、誕生、……以各式各樣的想像國度呈現在眼前。最後，兄妹倆歷經千辛萬苦，才發現原來幸福的青鳥不必遠求，牠就在自己的家裡。這部作品雖是寫給孩子的童話，卻是成人看了才能深刻體悟內涵的作品，難怪到現在仍是世界舞台劇的熱門劇碼。

另外，現在雖已進入21世紀，然而隨著人類的科技進步，「大自然」的課題，重要性卻日益增加，不曾減低。這次這套【影響孩子一生的世界名著】裡，有四本跟大自然、動物有關的作品：《森林報》、《騎鵝旅行記》和《小鹿斑比》、《小戰馬》。這些作品早已經因為各式改編版的卡通而享譽國內外，然而，閱讀完整的文字作品，還是有完全不一樣的感動。尤其是我個人很喜歡《森林報》，對於森林中季節、花草樹木的描繪，讀來令人心曠神怡。

這套【影響孩子一生的世界名著】選集中，我認為比較特別的選集是《好兵帥克》和《史記》。前者是捷克著名的諷刺小說，小說深刻地揭露了戰爭的愚蠢與政治的醜惡，筆法詼諧逗趣；後者則是中國的古典歷史著作，收錄了許多含義深刻的歷史故事。這兩本著作非常適合大人與孩子共讀。

衷心盼望我們的孩子能**多閱讀世界名著，與世界文學接軌之餘，也能開闊心胸、增長智慧、陶冶品格，將來成為饒具世界觀的大人。**

張東君（外號「青蛙巫婆」、動物科普作家、金鼎獎得主）

雖說市面上每年都有非常多的作家寫了很難數清的作品，但是，出版社仍不時會重新出版許多前人寫的故事，最重要的原因就在於那是「經典」、「古典」，是歷久彌新、經得起時間考驗、必讀不可的好故事（還大多被拍成電視、電影、卡通、動畫）。

【影響孩子一生的世界名著】系列精選的每一本，不論在不在手邊，我都能夠講得出內容，不管旁邊的人想不想聽，總會是滔滔不絕的說出我喜歡或討厭書中的哪個角色，有多想跟著書中主角去做哪些事情等等。

例如，西頓動物故事《小戰馬》中明明就是人類的開發，導致動物喪失棲息地以及食物，卻一味怪罪於動物。〈狼王洛波〉的故事，對於喜歡狼的我來說，更是加深我對人類的厭惡感。《騎鵝旅行記》我在小時候看這本書的時候，只覺得真不公平，明明主角是個欺負弱小及動物的壞孩子，卻有機會可以跟著許多動物一起離開家到處遊歷。其實這本是獲得諾貝爾獎的作品中，少數以兒童為主角的帶點奇幻又能讓讀者學到地理的書。《小鹿斑比》讓我認識許多野生動物會遇到的危險，以及鹿媽媽和老鹿王教給小斑比的許多生活經驗和智慧。

《森林報》因為是很大以後才看的，就讓我比較有旁觀者的感覺，不像小時候看故事那樣能夠跟書中角色交朋友，也再次讓我確認有些書雖然是歷久彌新，但是**假如能夠在小時候以純真的心情閱讀，更能獲得一輩子的深刻記憶**。至於回憶是否美好，當然是要看作品囉！

縱然現在的時代已經不同，經典文學卻仍舊不朽。我的愛書，希望大家也都會喜歡。

張佩玲（南門國中國文老師、曾任國語日報編輯）

經典名著之所以能流傳上百年，正因為它們蘊藏珍貴的人生智慧。【影響孩子一生的經典名著】選取了不同時空的精采故事，帶著孩子一起進入智慧的殿堂。當孩子正要由以圖為主的閱讀，逐漸轉換至以文為主階段，此系列的作品可稱是最佳選擇，無論情節的發展、境況的描述、生動的對話等皆透過適合孩子閱讀的文字呈現。

《森林報》對於大自然四季更迭變化具有詳實報導，並在每章節最末設計問題提問，讓孩子們練習檢索重要訊息，培養出對生活周遭的觀察力。

《小鹿斑比》自我探索的蛻變過程，容易讓逐漸長大成熟的孩子引起共鳴，並體會父母對自己殷切的愛與期待。

《好兵帥克》莫名地遭遇一連串的災難，如何能樂觀面對，亦讓在學習階段可能經歷挫折的孩子思考，用更正面的態度因應各種困境。

《祕密花園》的發現與耕耘，讓孩子們了解擁有愛是世界上最幸福的事，學習珍惜並懂得付出。

《頑童歷險記》探討不同種族地位的處境，主人翁如何憑藉機智與勇氣追求自由權利的一場冒險，帶領孩子們思考對於現今多元世界應有的相互尊重。

我們由衷希望孩子們能習慣閱讀，甚至能愛上閱讀，若能知行合一，更是一樁美事，**讓孩子發自內心的「認同」，自然而然就會落實在生活中。**

金仕謙（臺北市立動物園園長、台大獸醫系碩士）

在我眼裡，所有動物都應受到人類尊重。從牠們的身上，永遠都有值得我們學習的地方。很高興看到這系列好書《小戰馬》、《小鹿斑比》、《騎鵝歷險記》、《森林報》中的精采故事。相信從閱讀這些有趣故事的過程，可以從小**培養孩子們尊重生命，學習如何付出愛與關懷，更謙卑地向各種生命學習，關懷自然**。真心推薦這系列好書。

王文華（兒童文學得獎作家）

【影響孩子一生的世界名著】跨越時間與空間的界限，帶著孩子們跟著書中主角一起生活與成長，從閱讀中傾聽《小戰馬》、《小鹿斑比》等動物與大自然和人類搏鬥的心聲，跟隨《地心遊記》、《頑童歷險記》、《青鳥》追尋科學、自由與幸福的冒險旅程，踏上《騎鵝歷險記》、《森林報》的歐洲土地領略北國風光，一窺《史記》、《好兵帥克》的中國與歐洲一戰歷史。**有一天，孩子上歷史課、地理課、生物自然課，會有與熟悉人事物連結的快樂，自然覺得有趣，學習起來就更起勁了。**

戴月芳（國立空中大學／私立淡江大學助理教授、資深出版人暨兒童作家）

因為時代背景的不同，產生不同的決定和影響，我們讓孩子認識時間、環境、角色、個性、條件會影響抉擇，所以就會學到體諒、關懷、忍耐、勇敢、上進、寬容、負責、機智，這些都是**不同時代的人物留給我們最好的資產**。

施錦雲（新生國小老師、英語教材顧問暨師訓講師）

108新課綱即將上路，新的課綱除了說明12年國民教育的一貫性之外，更強調「核心素養」。所謂**「素養」，……同時涵蓋 competence 及 literacy 的概念，competence 是學科知識、能力與態度的整體表現，literacy 所指的就是閱讀與寫作的能力。**

一套優良的讀物能讓讀者透過閱讀吸取經驗並激發想像力，閱讀經典更是奠定文學基礎最好的方式。

謝隆欽（地球星期三 EarthWED 成長社群、國光高中地科老師）

就一本啟發興趣與想像的兒童小說而言，是頗值得推薦的閱讀素材。……文字淺白，情節緊湊，若是**中小學生翻閱，應是易讀易懂；也非常適合親子或班級共讀**，讓大小朋友一同與書中的主角，共享那段驚險的旅程。

李貞慧（水瓶面面、後勁國中閱讀推動教師、「英文繪本教學資源中心」負責老師）

孩子透過閱讀世界名著，將**豐富其人文底蘊與文學素養**，誠摯推薦這套用心編撰的好書給大家。

李博研（神奇海獅先生、漢堡大學歷史碩士）

介於原文與改寫間的橋梁書，除了提升孩子的閱讀能力與理解力，他們更可以從一則又一的故事中了解各國的文化、地理與歷史，也能從《好兵帥克》主人翁帥克的故事中，明白戰爭帶給人類的巨大傷害。

致讀者

一般報紙上，刊登的都是人的消息、人的活動。不過，孩子們也很想瞭解有關飛禽走獸和昆蟲的有趣故事。

森林裡發生的趣事和城市裡一樣多。森林裡也有各種「工作」，也有愉快的節日和不幸的事件，也有英雄和強盜。可是，城市裡的報紙很少報導這類消息，因此無人知道林中新聞。

比如，有誰聽說過，在嚴寒的冬季裡，在列寧格勒州，有一種沒有翅膀的小蚊子會鑽出泥土，赤著腳在雪地上奔跑？比如，有誰在報紙上看過，林中的巨大麋鹿打群架、候鳥大搬遷，或是長腳秧雞徒步穿越歐洲大陸？

在《森林報》上可以看到這些有趣的故事。

《森林報》按每月一期編排，總共分為十二期。每期都包括以下內容：編輯部的文章、發自森林記者的電報和信件，以及打獵趣聞。我們把這十二期編

成一本書。

小朋友、獵人、科學家和林務人員組成了森林記者的團隊。他們經常到森林裡觀察飛禽走獸和昆蟲怎樣生活，並及時記錄森林裡發生的各種趣事，然後寄給我們編輯部。

我們派出特派記者，去採訪赫赫有名的獵人薩索伊其。獵人和記者一起打獵，當他們在營火旁休息的時候，薩索伊其常常講起他的奇遇。特派記者則記下他講的故事，再寄給我們編輯部。

每一期《森林報》都附加了問答遊戲，我們稱之為「打靶場」。在「打靶場」裡，讀者可以比賽答題的準確性。凡是認真閱讀《森林報》的讀者，都能夠輕易的回答大部分問題。

建議我們的讀者以小組為單位玩「打靶場」遊戲。請大聲朗讀問題，所有參賽者把答案都寫在自己的紙上。請不要馬上回答所有問題，例如：對於長腳秧雞的身高問題，最好過幾天，組員們商量之後再回答。在這幾天，可以去瞭解一下牠們到底長什麼樣子。

我們還邀請了生物學博士、植物學家、作家尼娜·米哈依娜弗娜·芭芙洛娃給《森林報》寫文章，談談各種有趣的植物。

我們希望讀者能夠藉由《森林報》熟悉大自然的生活，這樣，才能自在的與動物和植物共處。

森林年

讀者也許會認為《森林報》上刊登的森林新聞，都是些舊聞。但事實並非如此。的確，每年都有春天，但是，每年的春天都是嶄新的，無論你活了多少年，都不會看見兩個完全相同的春天。

春回大地。森林甦醒了，熊從窩裡爬出來，雪水淹沒了動物的地下洞穴；鳥兒飛過來，重新開始嬉戲，動物又開始繁衍後代。

我們刊登的森林日曆與普通的日曆不太相像，但這沒什麼好奇怪，因為鳥獸並不像我們人類那樣生活啊！以動物的角度來看，牠們根據太陽的轉動過日子，所以太陽在天上轉一大圈，就是一年。

森林日曆開始於春天，每逢迎接太陽的日子，就是愉快的節日；每逢送別太陽的日子，代表愁悶的季節即將開始。

我們把森林的一年分成十二個月，每個月份都有自己的名字。

第一期　冬眠甦醒月——春季第一月

新年快樂【三月】

三月二十一日是春分。這天，白天和黑夜一樣長。這天，森林裡慶祝新年，因為春天就在眼前了。

太陽開始戰勝冬天，積雪變得鬆軟，出現了許多小孔隙，而且雪色變得灰暗，已經不像冬天那麼潔白。嚴冬屈服了！只要看看雪的顏色，就知道冬天即將結束。一根根小冰柱從屋簷上垂下來，亮晶晶的水珠一滴接一滴的順著冰柱往下流，漸漸積聚成水窪。街頭巷尾的麻雀興高采烈的在水窪裡撲騰，想洗去羽毛上積聚了一個冬天的污垢；山雀銀鈴般的歡快歌聲在花園裡響起。

春天乘著陽光的翅膀降臨人間，並且制定了嚴格執行的工作。首先，春天解放大地：雪開始慢慢融化了，但是冰下的水還在沉睡，積雪下的森林也睡得正香甜。

三月二十一日清晨，人們按照古老的俄羅斯民俗，製作「百靈鳥」來吃。「百靈鳥」是一種小麵包，用麵粉捏成小鳥嘴，用兩粒葡萄乾點綴鳥眼睛。根據新習俗，我們在這天放生飛禽，而飛禽月就從這一天開始。孩子們特地把這天獻給長著翅膀的朋友們，在樹上架設成千上萬座「鳥房」：椋鳥房、山雀房和人造樹穴。孩子們用樹枝編成鳥巢，為可愛的小客人們開放免費食堂。他們還在學校和俱樂部裡召開報告會，專門講述鳥類大軍如何保護森林、田野、果園和菜田，講述應該如何愛護和吸引那些長著翅膀的快樂歌唱家們。

三月，母雞在家門口就可以盡情的喝水了。

發自森林的第一封電報

白嘴鴉揭開了春天的序幕。在冰雪融化的地方，出現成群結隊的白嘴鴉。白嘴鴉在南方過冬，牠們急匆匆的趕回北方的故鄉。一路上，牠們遭遇了無數次殘酷的暴風雪，上千隻白嘴鴉精疲力竭，死在了半路上。

最先飛回故鄉的是那些身強力壯的鳥。牠們在路上驕傲的昂首闊步，或用結實的嘴巴刨著泥土，最後才休息。

布滿天空、沉甸甸、黑壓壓的烏雲終於飄走了。大片白雲飄浮在蔚藍的天空上。第一批小野獸出生了。麋鹿長出了新犄角。黃雀、山雀和戴菊鶯在森林裡唱起了歌。我們在等待椋鳥和百靈鳥的到來。在樹根拱起的冷杉下，我們找到了熊窩。我們輪流守候在熊窩旁，只要熊一出來，就向大家通報。一道道融化的雪水悄悄在冰下匯聚。森林裡到處都可以聽見滴滴答答的水聲，樹上的雪也漸漸融化了。不過，夜晚的嚴寒重新把水結成了冰。

■ 發自本報記者

雪裡的吃奶寶寶

兔媽媽生下了兔寶寶，這時田野上還覆蓋著積雪。

兔寶寶一出世就睜開了眼睛，身上穿著暖和的皮襖。牠們生下來就會跑，喝飽了奶就往四處跑，躲到灌木叢中和草叢下，靜靜的蹲在那兒，既不叫喚，也不淘氣。兔媽媽則早已跑得不知去向。

一連過去了一天、兩天、三天。

兔媽媽早就忘記了兔寶寶，在田野裡蹦蹦跳跳。但是兔寶寶們依舊蹲在那裡，牠們不敢亂跑；如果亂跑，就會被老鷹發現，或者被狐狸看見腳印。

瞧，終於有隻兔媽媽跳過來了。咦！這不是牠們的媽媽，而是別人的媽媽，是一位兔阿姨。兔寶寶跑到牠跟前叫著：「餵餵我們吧！」

「行啊！吃吧！」兔阿姨把牠們餵飽後，又到其他地方去了。

兔寶寶又回到樹叢裡。而牠們的媽媽正在別處給別家的兔寶寶餵奶呢！

原來兔媽媽們定下了這麼一條規矩：所有的兔寶寶都是大家的孩子。不管兔媽媽在哪兒遇到兔寶寶，都要給牠們餵奶。不管兔寶寶是親生的，還是別人家的，都一視同仁。

你們以為兔寶寶沒有兔媽媽照顧，就會過得不幸福嗎？完全不是這麼回事。兔寶寶們穿著皮襖，身上暖洋洋的。兔媽媽們的乳汁香濃可口，兔寶寶吃上一頓，可以好幾天都不餓呢！

出生後第八、九天，兔寶寶就開始吃草了。

春天的計謀

在森林裡，凶猛的動物經常攻擊和善的動物，無論在哪裡看見小動物，牠們都會猛撲上去。

冬天，在潔白的雪地上，人們很難迅速發現雪兔和白山鶉。可是現在雪正在融化，好多地方已經露出了地面。狼、狐狸、鷂鷹和貓頭鷹，甚至像白鼬和

銀鼠這樣的小型肉食動物，老遠就能看見牠們的白獸皮和白羽毛，在冰雪融化後的黑土地上一閃一閃的。

因此，雪兔和白山鶉就要起計謀：牠們開始脫毛，改換成其他顏色。雪兔變得灰不溜丟的；白山鶉脫掉了許多白羽毛，長出帶有黑條紋的紅褐色羽毛。在兔子和山鶉換裝之後，人們就不太容易發現牠們了。

有些攻擊型的食肉動物，也得換裝了。冬天，銀鼠渾身上下一身白；白鼬也一樣，只有尾巴末梢是黑色的。在雪地裡，牠們能夠悄悄爬到溫順的小動物跟前，因為牠們的毛皮和雪一樣白，不容易被發現。不過，現在牠們都換毛了，銀鼠渾身灰色；白鼬也是，只有尾巴末梢還是黑色的。即使如此，無論冬夏，皮毛上有個黑點都不會壞事，雪地上不也有黑點嗎？那是垃圾和小枯枝。而在地面和草地上，這種黑斑點就更多啦！

奇特的茸毛

沼澤地上的雪化開了，水在小草丘間蔓延。小草丘下，銀白色的小穗在光溜溜的綠莖上搖曳著。難道這是去年秋天來不及飛出去的種子嗎？難道它們在雪底下熬過了整個冬天嗎？真是令人難以置信，它們實在太乾淨、太新鮮了！

只要把小穗採下來，撥開茸毛看一看，謎團就解開了。原來這就是花呀！金黃色的雄蕊和細線般的柱頭，從絲綢般滑順的白茸毛中露出。

由於夜裡還很冷，所以茸毛是給花保溫的，羊鬍子草也是這樣開花的。

■ 發自尼娜．米哈依娜弗娜．芭芙洛娃

發自森林的第二封電報

椋鳥和百靈鳥唱著歌，飛過來了。

我們迫不及待的盼望著熊從熊窩裡探出頭，可是一點動靜都沒有。我們猜想，也許熊在裡面凍死了吧？

突然，積雪顫動起來。可是，從雪底下爬出來的並不是熊，而是一隻從未見過的動物。牠灰白色的頭上有兩條黑斜紋，個頭和小豬差不多大。渾身毛茸茸的，肚皮黑不溜丟。

原來，這不是熊窩，而是獾洞。從現在起，獾不再睡懶覺。每天晚上到森林裡找蝸牛和甲蟲，啃植物根，抓野鼠。

我們終於找到了真正的熊窩！熊還在冬眠，水漫升到冰面之上。雪崩塌了，松雞在求偶，啄木鳥「篤篤」的啄樹。飛來了會啄冰的小鳥白鶺鴒。道路變得泥濘不堪，農莊的人們不再乘雪橇，他們駕起馬車。

■ 發自本報特派記者

發自森林的第三封特快電報

我們在熊窩附近蹲著守候。

冷不防，有什麼東西從下面拱起了積雪，接著一個又大又黑的野獸腦袋露了出來。原來，一隻母熊鑽出了熊窩，兩隻小熊也緊跟著鑽了出來。

我們看見母熊張開嘴巴，悠然自得的打了個大哈欠，然後朝森林裡走去。小熊活蹦亂跳的跟在後面。我們看見母熊身體消瘦，毛髮蓬鬆。

冬眠了這麼長的時間，牠們變得飢不擇食。現在，牠們在森林裡來回亂竄，把樹根、去年的枯草和漿果通通塞進嘴裡，連小兔也不放過。

冬天的統治瓦解了。百靈鳥和椋鳥在歌唱。

大水沖毀了冰製的「天花板」，湧向自由的天地，奔向廣闊的田野。

田野裡像是發生了火災，雪在太陽底下燃燒。

快樂的綠色小草從積雪下探出頭來。

春的融雪泛溢時，第一批野鴨和大雁飛來了。

我們看見了第一隻蜥蜴。牠鑽出樹皮，爬上樹墩曬太陽。

每天都發生新鮮事，我們甚至來不及記下來。

城市和鄉村之間的交通被水災阻斷，所以我們將用飛鳥傳信，在下一期的《森林報》上報導動物在水災時的受害情況。

■ 發自本報特派記者

打獵：求偶飛行

春天，適合狩獵的時間很短。假如春天來得早，還可以早點去打獵。假如春天來得晚，只得延後打獵的活動了。

春天打獵，不准帶獵犬，只准打樹林裡和水面上的飛禽，而且只准打雄性飛禽，比如公雞和公鴨。

獵人白天離開城裡，傍晚已經到達森林。

這是一個灰濛濛、沒有風的黃昏，下著毛毛細雨，天氣暖和，正適合鳥類求偶飛行。

獵人選好一塊林中空地，站到一棵冷杉旁。周圍的樹不高，都是些赤楊、白樺和冷杉。離太陽下山還有十五分鐘，還有時間可以抽根煙，待會兒可就沒時間抽了。

獵人側耳傾聽著森林裡各種鳥兒的鳴唱：鶇鳥在冷杉樹梢上啼囀，紅胸脯的知更鳥在密林裡唧唧叫個不停。

太陽下山了，鳥兒們一個接一個的停止了歌唱。最後，連愛唱歌的鶇鳥和知更鳥也默不作聲了。

現在得盯緊點，豎起耳朵聽！突然，森林上空傳來一陣輕輕的叫聲：「吱咯喀！吱咯喀！呼呃——呃——呃！」

獵人打了個哆嗦，把獵槍往肩上靠了靠，站住不動了。這聲音是從哪兒傳來的呢？

「吱咯喀！吱咯喀！呼呃——呃——呃！」

「吱咯喀！吱咯喀！」

呵，有兩隻丘鷸呢！

兩隻長嘴丘鷸，正在空中撲打著翅膀，急速飛過森林上空。牠們一隻跟著另一隻飛，並不是在打架。看得出來，雌鷸飛在前面，雄鷸跟在後面。

啪……後面那隻丘鷸，像車輪似的在空中旋轉，慢慢掉進灌木叢裡。

獵人如離弦之箭朝牠奔去。要是受傷的鳥逃走，躲到灌木叢裡，那就很難找到了。

丘鷸羽毛的顏色一如枯萎的落葉。就是牠！正掛在灌木叢上呢！

遠處的某個地方，又響起了另外一隻丘鷸的叫聲。

太遠了，霰彈槍打不到。獵人又站到一棵冷杉後面。他繃緊全身，仔細傾聽。森林裡寂靜無聲。

突然，又傳來了叫聲：「吱咯喀！吱咯喀！呼呃——呃——呃！」

在那兒，在那兒，太遠了……

把牠引過來吧？或許可以引過來？

在黃昏的薄暮中，雄丘鷸機警的四處張望，尋找雌丘鷸。

獵人摘下帽子，朝空中一拋。

雄丘鷸看見一個黑乎乎的東西從地面一躍而起，又掉了下去。

是雌丘鷸嗎？雄丘鷸轉了個彎，徑直朝獵人飛來。

砰！這隻丘鷸也一個倒栽蔥，摔了下來，重重的撞到地面，當場斃命。

天色漸漸變黑，丘鷸的叫聲此起彼落，一會兒在這邊，一會兒在那邊，獵人不知道該往哪邊轉身才好。

獵人激動得雙手發抖。

砰！**砰**！沒打中。

砰！砰！又沒打中。

還是別開槍了，放過一、兩隻丘鷸吧。需要定定神。好了，手不抖了。現在可以開火了。

在幽暗的森林深處，一隻貓頭鷹聲音嘶啞的怪叫一聲。一隻睡眼矇矓的鶇鳥嚇醒，驚惶失措的尖叫起來。

天黑了，很快就不能開槍了。

終於，又傳來了叫聲：「吱咯喀！吱咯喀！」在另外一邊也響起了：「吱咯喀！吱咯喀！」兩隻飛行的丘鷸恰好在獵人的頭頂上方碰頭，立刻互打起來。

「砰！砰！」獵人這次是用雙筒槍，兩隻丘鷸都掉了下來。一隻蜷縮成一團，另一隻轉啊轉，正好落到獵人腳旁。

好，該走啦。趁著還看得見小路的天色，要趕到鳥兒求偶鳴叫的地方去。

【打靶場】問答遊戲

① 哪一種顏色的雪表示雪快融化了：潔白的雪還是骯髒的雪？

② 依照〈春天的計謀〉的報導，春天時，森林裡哪種鳥的羽毛會明顯變色？

③ 什麼時候最難發現雪兔呢？

① 骯髒的雪。

② 白山鶉。

③ 冬天的雪地裡，雪兔還沒換毛之前。

第二期　候鳥返鄉月——春季第二月

太陽史詩【四月】

四月，請把雪點燃！

四月還在沉睡，春風卻已輕拂，預示著天氣將變暖和。這個月，水從山上潺潺流下，魚兒活蹦亂跳。春天解放了積雪之下的大地之後，便緊鑼密鼓的進行第二項職責：解放冰層之下的流水。由雪水匯聚成的小溪，悄悄流入小河，河水上漲，掙脫了冰的束縛。融化的雪水奔流，肆意的在谷地上氾濫開來。

大地飽飲了雪水和溫暖雨水，穿上綴著嬌美雪花蓮的綠色外套，繽紛絢爛。森林卻依舊光禿禿的杵在那裡，等待春天的眷顧。不過，樹汁已開始蠢蠢欲動，滋潤了新生的幼芽，地上和枝頭上的花兒都開了。

昆蟲的節日

黃花柳樹開花了。它那枝節粗大的灰綠色枝條，完全被小巧的鮮黃色小球遮住了，所以黃花柳樹渾身變得毛茸茸，輕盈飄揚，一副喜氣洋洋的模樣。

黃花柳樹開花了，這可是昆蟲們的節日！漂亮的樹叢周圍，歡快熱鬧。熊蜂嗡嗡的飛著；糊塗蒼蠅漫無目標的瞎忙；勤勞的蜜蜂彈撥一根根纖細的雄蕊，採集花粉。

蝴蝶飛來飛去。瞧，翅膀有如雕花綴飾的黃蝴蝶，叫檸檬蝶；眼睛大大的棕紅色蝴蝶，叫做蕁麻蛺蝶。瞧，一隻長吻蛺蝶落在毛茸茸的小黃球上，牠的黑色翅膀遮住小黃球，把長嘴巴深深的插到雄蕊之間汲取花蜜。

還有一棵樹長在這片歡快的樹叢旁，它也是黃花柳樹，也開著花。但是，這棵黃花柳樹的花卻一點也不美麗，相貌醜陋，長著亂蓬蓬的灰綠色雌花。昆蟲也棲息在雌花上面，可是這棵樹周圍不像旁邊的樹叢那麼熱鬧。原來昆蟲已經把黏糊糊的花粉，從小黃球搬到灰綠色雌花上來了。每一株小瓶子似的細長雌蕊裡，將很快結出種子來。

發自尼・米・芭芙洛娃

兔子上樹

有隻兔子遇到這麼一件事：冬天時，牠住在一條大河當中的小島上。每天夜裡，牠出來吃小白楊樹的樹皮；白天則躲在灌木叢裡，以免被狐狸或獵人發現。這隻兔子還小，也不太聰明。牠壓根沒有注意到，河中小島周圍的冰塊正在劈哩啪啦裂開。

那天，兔子安逸的躺在灌木叢下酣睡。太陽曬得牠暖洋洋，牠一點也沒發覺河水在迅速上漲，一直到身下的毛浸濕，這才驚醒過來。牠一躍而起，周圍卻已是一片汪洋。開始淹大水了。現在，河水剛漫過兔子的腳背，牠慌忙逃往島中央，那裡還是乾燥的。

可是河水上漲得很快，小島的面積越來越小，兔子急得來回亂竄。牠發現

整座小島很快就要淹沒在水中了，可是牠又不敢跳進湍急冰冷的河水裡，更不可能橫渡這條洶湧澎湃的大河。

就這樣，整整一天一夜過去了。

第二天早晨，小島只剩下一小塊地方露出水面，一棵粗壯而多節的大樹長在上面。嚇得魂不附體的兔子，繞著樹幹亂竄。

第三天，河水已經漲到樹下了。兔子開始往樹上跳，可是每次都失敗。終於，兔子躍上了離地面最近的粗樹枝。牠湊合著坐在上面，耐心等待洪水退去。河水已經不再上漲了。

兔子並不擔心會餓死，因為老樹皮雖然又硬又苦，但還是可以果腹。風最可怕，它猛烈的搖晃著大樹，兔子幾乎抓不住樹枝。

牠彷彿是一個趴在輪船桅杆上的水手，腳下的樹枝，好比船隻的龍骨在左右搖晃，下面奔淌著幽深冰涼的河水。

大樹、木頭、樹枝、麥桔和動物屍體順著寬闊的河流，漂過兔子的腳下。當牠看到另一隻兔子隨著波浪載浮載沉，緩緩的漂過牠身旁時，這隻可憐的兔子嚇得渾身發抖。那隻死兔子的腳勾到了一根枯樹枝，牠肚皮朝天，四肢僵直，跟樹枝一起漂流。

兔子在樹上待了三天。大水終於退去，兔子跳下樹枝。不過，牠暫時只能繼續留在河流中間的小島，要一直等到炎熱的夏天，河水變得更淺，牠才能夠回到岸上去。

打獵：到馬爾基佐夫湖獵鴨

春天，市場上銷售著各種各樣的野鴨。而這時在馬爾基佐夫湖裡，野鴨的品種更豐富。

位於涅瓦河口和王冠城所在的科特林島之間那一部分芬蘭灣，自古以來就稱作馬爾基佐夫湖。那是列寧格勒的獵人們最喜愛的獵場。

請到斯摩棱河邊走一走。你會看到一些奇形怪狀的小船，停在斯摩棱墓場附近，有白色的，也有跟河水一樣顏色的。這些船都不大，但是特別寬，船底完全是平的，船頭船尾往上翹。這些就是打獵用的獨木舟。如果你夠幸運，傍晚時還能碰上一位獵人。他會把獨木舟推進河裡，把槍和其他東西放到船上，然後用一支可當船舵控制方向的槳划起來，順流而下。大約二十分鐘後，獵人就到了馬爾基佐夫湖。

涅瓦河上的冰早已融化，可是芬蘭灣裡還有一些殘餘浮冰。獨木舟乘著灰色波浪，飛快的划向流冰。最後，獵人划到殘冰旁邊，身體倚向這塊冰，並伸腳踏了上去。他拿出白長袍，披在皮襖外面，又從獨木舟上拎出一隻用來作為誘餌的雌野鴨。他先用繩子綁住野鴨，把牠放到水裡，然後把繩子另一頭拴到浮冰上。雌野鴨立刻叫喚起來。

獵人坐上獨木舟，離開了。

用不著很長時間，瞧，一隻野鴨從遠處的水面飛起。這是一隻雄野鴨。牠聽見雌野鴨的叫喚，就朝牠飛過來了。可是還沒來得及飛近，只聽到「砰」的一聲槍響，接著又是一聲，雄野鴨就掉到水裡了。

雌野鴨像是完全清楚自己的任務，不停的叫啊、叫啊，彷彿被收買了似的。聽到牠的叫喚聲，許多雄野鴨從四面八方朝牠飛來。

牠們只看見雌野鴨，卻沒有發現在雪白的流冰旁邊，停著一艘白色的獨木舟，獨木舟裡還坐著一個穿白長袍的獵人。

獵人開了一槍又一槍，各式各樣的雄野鴨都紛紛落入他的獨木舟裡。

一群群野鴨紛紛沿著海上的長途飛行航線，從獵人頭頂飛過。

太陽沉進了海裡，連城市的輪廓都看不清時，只見城裡的方向亮起了燈光。

天黑了，不能再開槍了。

獵人把雌野鴨拉回獨木舟，把船錨牢牢的固定在冰塊上，盡可能使獨木舟靠近浮冰，免得被波浪沖毀。得考慮一下過夜的事了。

起風了。天空布滿烏雲，黑沉沉的，什麼也看不見。

【打靶場】問答遊戲

① 黃花柳樹的雌花是什麼顏色的？它們所生長的樹有什麼特徵呢？

② 依照〈兔子上樹〉的報導，兔子為什麼會被困在大河之中的小島上？

③ 獵人為何用繩子拴住雌野鴨，把牠放到水裡呢？

① 灰綠色；相貌醜陋。

② 因為兔子在大河結冰時來到島上，卻沒有在融冰之前回到岸上。

③ 因為雄野鴨聽到雌野鴨的叫聲，就會飛來，而獵人可趁機狩獵雄野鴨。

第三期 唱歌跳舞月——春季第三月

太陽史詩【五月】

五月到了！唱吧！玩吧！跳舞吧！現在，春天才認真起來，開始執行第三件任務：給森林穿上新裝。

森林裡最歡快的月份——唱歌跳舞月，要開始了！

這時，太陽的光和熱，獲得了完全的勝利，它戰勝了冬季的黑暗與寒冷。晚霞向朝霞伸出了手，北方出現了夏日特有的永晝。

生命奪回大地和水源之後，挺直了腰板。高大的樹木穿上由新葉綴成的綠衣裳，炫目神氣。無數長著翅膀的昆蟲飛到空中；一到黃昏，擅長熬夜的蚊母鳥和身手敏捷的蝙蝠，就飛出來捕食牠們。

白天，家燕和雨燕在空中翱翔；鵰和鷹在農田和森林上空盤旋；紅隼和百靈鳥在田野的上空搧動著翅膀，彷彿雲上有根線牽引著牠們。

沒有上鎖的蜂窩大門門戶洞開，長著金翅膀的勤勞蜜蜂是這裡的住戶，牠們傾巢而出。大家都在唱歌、跳舞、玩耍，琴雞在地上，野鴨在水裡，啄木鳥在樹上，鷸在森林的上空，四處一片歡樂。現在，正如詩人描繪的那樣：「在俄羅斯大地，森林鳥獸一片喜氣洋洋。肺草從去年的枯葉下冒出頭來，在樹林裡閃著藍光。」

為什麼我們的五月被稱為「哎喲月」？

因為五月裡，天氣乍暖還寒。白天豔陽高照，夜裡「哎喲！」可別提有多冰冷啊！五月裡，有時候樹蔭底下就是涼爽的天堂，有時候卻冷的得給馬匹鋪上草，人類則要爬上熱炕。

森林樂隊

夜鶯在這個月裡唱起歌來，不分白天黑夜，一直啼囀。孩子們很驚訝，牠們到底什麼時候睡覺啊？原來，春天時，鳥兒沒時間睡大頭覺，牠們只睡一會

兒，唱一首歌，打個盹兒，再唱第二首；半夜裡小睡一下，中午再打個小盹。

每逢清晨和黃昏，不單是鳥類，森林裡所有的動物都在吹、拉、彈、唱，各顯神通。在森林裡可以聽到清亮的獨唱、小提琴獨奏、打鼓聲和吹笛聲，各種吱吱聲、嗡嗡聲、呱呱聲和咕嘟聲。

燕雀、夜鶯和擅長唱歌的鶇鳥，用乾淨的聲音歌唱；啄木鳥打著鼓，黃鳥和小巧玲瓏的白眉鶇吹著笛子；甲蟲和蚱蜢拉著小提琴。狐狸和白山鶉吠啼、母鹿呦叫、狼嗥嘯、貓頭鷹哼唧、熊蜂和蜜蜂嗡鳴。青蛙先是咕嚕咕嚕吵了一陣，然後又呱呱呱的叫。誰也不感到難為情，即使沒有好嗓子也無妨，動物們都按照各自的喜好選擇樂器。

啄木鳥尋找到音色清脆的枯樹幹，這就是牠們的鼓。牠們無比結實的鳥喙，便是最適合打擊的鼓槌。天牛嘎吱嘎吱轉動堅硬的脖子，難道不像小提琴的樂音嗎？

蚱蜢的足部長著小鉤子，翅膀上有鋸齒，於是牠便用足部摩擦翅膀，發出「喀嚓喀嚓」的聲響。火紅色的麻鷺把長嘴伸到水裡，用力一吹，水就咕嚕咕嚕的作響，整座湖水響起一陣騷動，彷彿牛群哞哞叫。

沙錐更是別出心裁，牠竟然用尾巴唱歌。只見牠一躍而起，衝入雲霄，然後張開尾巴，轉身頭朝下俯衝下來。牠的尾巴兜著勁風，在森林上空發出羔羊般的咩咩叫聲。

森林樂隊就是這樣組成的。

從非洲走來的長腳秧雞

從非洲走來了長著翅膀的動物：長腳秧雞。

長腳秧雞起飛很笨拙，而且飛得也不快。鷂鷹和遊隼能夠輕易在飛行途中捉住秧雞。不過，長腳秧雞跑得飛快，而且擅長躲藏在草叢裡。

因此，牠們寧願步行穿越整個歐洲，悄無聲息的行進在草叢和灌木叢中。只有在萬不得已的時候，牠們才會張開翅膀飛，而且只在夜間飛行。

現在，長腳秧雞在我們這兒的莽原裡，整天叫喚著：「咯哩喀——咯哩喀！咯哩喀——咯哩喀！」

你可以聽見牠們的叫喚，但是，假如你想把牠們趕出草叢，仔細看看牠們的模樣，那可辦不到。

不信你就試試看吧！

海底來客

各式各樣的魚群從大海和大洋，洄游到江河裡產卵，然後小魚又從河裡游向海洋。只有一種魚，把卵產在海洋深處，然後從深海遊到河裡來生活。牠們的出生地，在大西洋的馬尾藻海。

這種不同尋常的魚，就叫「扁扁魚」。

你沒聽說過這樣的魚吧？這也不奇怪，因為只有當牠們還很小、還住在海洋裡的時候，才用這個乳名稱呼。那時候，牠們通體透明，連肚子裡的腸子都能看得清清楚楚。兩側扁扁的，像片樹葉。等牠們長大，卻變得像條蛇。

這時，人們才想起牠真正的名字叫做「鰻魚」。

扁扁魚先在藻海裡生活三年。到了第四年，牠們變成了小鰻魚，不過身體還是像玻璃般透明。

現在，玻璃般的透明鰻魚，正成群結隊的湧進涅瓦河。牠們從神祕的故鄉大西洋深海遊到這裡，路途遙遠，至少要經過兩千五百公里！

蝙蝠的回聲探測器

夏天的夜晚，一隻蝙蝠從敞開的窗戶飛了進來。

「把牠趕走！快把牠趕走！」女孩們大叫著，趕緊用圍巾裹住自己的頭。

一位禿頭老爺爺嘟噥道：「牠是衝著窗戶裡的亮光來的，幹麼要鑽到你們的頭髮裡去啊！」

直到不久前，科學家們還不明白，為什麼蝙蝠在漆黑的夜間飛行，從來不會迷路。人們曾經蒙住牠們的眼睛，塞住牠們的鼻子。可是，蝙蝠還是能躲避空中的一切障礙物，連拴在屋裡的細線都能躲開，靈活的避開天羅地網。

隨著回聲探測器的發明，揭曉了謎底。現在，科學家們證實，所有的蝙蝠，飛行時都用嘴巴發出超聲波，是人類耳朵聽不見的、非常尖細的叫聲。無論超聲波碰到什麼障礙物，都會反射回來。

蝙蝠靈敏的耳朵可以接收這些信號：「前方有牆！」「有線！」或者「有蚊子！」

只有婦女茂密細長的頭髮，無法很準確的反射超聲波。

禿頭老爺爺當然沒什麼危險，可是女孩們的濃密長髮，卻真的會被蝙蝠當成「窗戶裡的亮光」，很可能會衝著其中一簇亮光，猛撲過來。

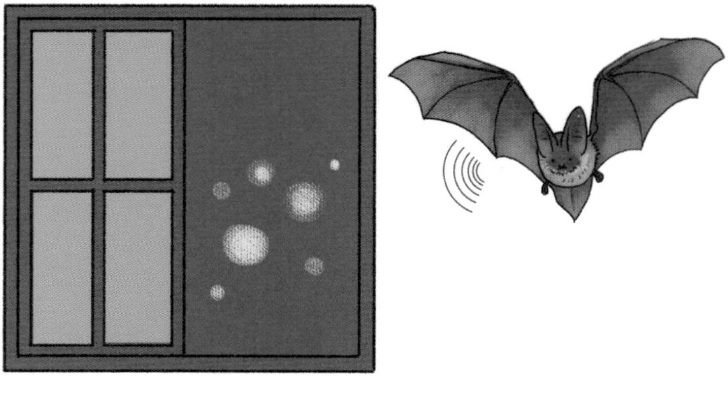

【打靶場】問答遊戲

① 蚱蜢靠什麼發出「喀嚓喀嚓」聲？

② 沙錐用身體的什麼部位，發出羔羊般「咩咩」的叫聲？

③ 哪一種鳥從非洲來到北方，其中一段路是用走的？

① 蚱蜢的足部長著小鉤子，翅膀上有鋸齒。每當牠用腿摩擦翅膀時，就會發出「喀嚓喀嚓」的聲響。

② 尾巴。

③ 長腳秧雞。

第四期　鳥兒築巢月——夏季第一月

太陽史詩【六月】

六月裡，薔薇花開了，候鳥搬完了家，夏天開始了。

現在白晝最長。在遙遠的北方，夜晚完全消失了，太陽一天二十四小時都掛在天上。潮濕的草地上，花兒開得越來越燦爛，就像陽光一樣，金鳳花、立金花、毛茛等植物把草地染成一片金黃。

這時，人們在太陽初升的黎明時分，採集可治療疾病的花朵、花莖和草根，以備將來生病時，把貯存在花草裡的太陽生命力，傳遞到病人的身上。

夏至，一年之中最長的一天過去了。從這天起，白晝開始慢慢的縮短，速度雖然跟春天時日照增加的速度一樣慢，不過人們卻覺得很快。

所有的鳴禽都有了自己的巢，牠們在巢裡下了蛋，各種顏色應有盡有。脆弱的小生命穿破薄薄的蛋殼，露出來了。

有生命的雲

六月十一日，很多人在列寧格勒市的涅瓦河畔散步。烈日炎炎，天空中一縷雲絲也沒有。房子和街上的柏油路，被太陽烤得滾燙，人們熱的連呼吸都喘不過來。孩子們在玩耍。

突然，在寬寬的河流那邊，飄起了一大朵灰色的雲。大家都停住腳步，望著它。這朵雲飛得很低，幾乎貼著水面在飄。人們看著它越變越大。

終於，這朵大雲帶著沙沙的喧鬧聲，把散步的人們團團圍住。這時大家才明白，它不是雲，而是一大群蜻蜓。一瞬間，周圍的一切發生了神奇的變化。因為有這麼多小翅膀在搧動，空氣中掠過了一陣涼爽的微風。孩子們也不再頑皮，他們歡天喜地，望著陽光穿透宛如多彩雲母似的蜻蜓翅膀，空中閃著美麗的七彩光芒。人們的臉色一下子變得色彩斑斕，無數小彩虹、日影和小星星在他們的臉上跳躍。這朵有生命的雲沙沙作響，掠過河岸上空，後來越升越高，飛到房屋後面就消失無蹤。

這是一群剛出生的小蜻蜓，牠們相互友好，成群結隊地去尋找新住所。人們始終不知道，牠們是從哪裡孵化，又要飛到哪裡棲息。通常，在各處都能見到成群結隊的蜻蜓。要是你看見了牠們，不妨留意一下小蜻蜓從哪裡飛來，又將飛到哪裡。

各居其所

孵蛋的季節到了。森林中的居民紛紛幫自己蓋了房子。

我們的記者決定去觀察那些飛禽走獸、魚和昆蟲都住在什麼地方？牠們過得怎麼樣？

現在整個樹林裡，從上到下都有居民棲住：地上、地下、水上、水下、樹枝上、樹幹中、草叢裡、半空中，全住滿了。

黃鸝把房子蓋在半空中。牠先用繩麻、草莖和毛髮，編成一間小籃子形狀的輕巧房子，再把它高高的掛在白樺樹枝上。小籃子裡放著黃鸝的蛋。你說怪不怪，風吹動樹枝的時候，蛋竟不會掉下樹。

百靈鳥、林鷚、鷂鳥和許多其他鳥類，都把房子搭在草叢裡。記者最喜歡籬鶯的巢，它是用乾草和乾苔搭成的，帶有棚頂，門開在側面。

飛鼠（松鼠的一種，前、後肢之間有一層薄膜相連接）、木蠹蛾、小蠹蟲、啄木鳥、山雀、椋鳥、貓頭鷹和許多其他的鳥類，則把房子蓋在樹洞裡。

鸊鷉是一種潛水鳥。牠們用沼澤地裡的草、蘆葦和水藻搭建成的巢，能夠浮在水上。住在這個浮動的窠裡，彷彿乘著木筏似的，在湖面上漂來漂去。

河棲子和銀色水黽把小房子建在水底下。

記者想找到一處最優秀的住所，不過，要挑選出來可沒那麼容易呢！

鶥的巢窩是以粗樹枝搭成的，面積最大，擱在粗大的松樹上。

戴菊鳥的巢最小，只有一個小拳頭的大小，因為牠的身體比蜻蜓還小。

田鼠的家設計得最巧妙，有前門、後門，還有許多安全門。無論你費多大力氣，也別想在機關滿滿的家裡捉到牠。

捲葉象鼻蟲的房子最精美。捲葉象鼻蟲是一種長吻甲蟲。牠咬掉白樺樹葉的葉脈，等到葉子枯萎的時候，就把葉子捲成圓柱形，再用唾液黏牢。雌性捲葉象鼻蟲就在圓柱形的小房子裡孕育後代。

繫著領帶的勾嘴鷸和夜鶯的家最簡陋。勾嘴鷸直接把四顆蛋產在小河邊的沙灘上。夜鶯則把蛋下在小坑裡或樹下的枯葉堆裡，牠們不習慣花很多力氣蓋房子。

仿聲鳥的小屋子最漂亮，牠把巢窩搭在白樺樹枝上，用苔蘚和薄薄的樺樹皮來裝飾；牠也會去人們的別墅，撿拾他們丟棄在花園裡的彩色紙片，編織在鳥巢上當作裝飾。

長尾山雀的小巢最舒適。由於牠們的身材就像一支盛湯用的長柄勺，因此長尾山雀又被稱作「湯勺」。巢窩內側以絨毛、羽毛和獸毛編成，外層則用苔蘚黏牢。整個鳥巢為圓形，像顆小南瓜，還有個小圓門，開在鳥巢正中央。

河榧子幼蟲的小房子最輕巧。河榧子是長著翅膀的昆蟲。當牠們停止不動的時候，便收攏翅膀，嵌在背上，剛好能遮蔽全身。河榧子的幼蟲還沒長出翅膀，全身赤裸，沒有東西可以遮擋身體。牠們住在小河和小溪底。

河榧子的幼蟲先找到跟自己的脊背長度差不多的細樹枝或蘆葦，接著把沙泥做成的小圓筒糊在細枝上，然後倒著爬進去。

這個房子真的很方便，河榧子的幼蟲可以全身躲進小圓筒裡，在裡面安心的睡上一覺，誰也看不見牠；或者，牠們可以伸出前腳，背著小房子，在河底爬行一陣子，這間小房子非常輕盈。

有一隻河榧子的幼蟲，找到一支掉在河底的菸蒂，便鑽了進去，就這樣帶著菸屁股四處旅行。

銀色水黽的房子最不尋常，牠們先在水底的水草間鋪一張蜘蛛網，然後浮到水面，用毛茸茸的肚皮盛回一些氣泡，放到蜘蛛網下。水黽就住在這種空氣流通的水下小房子裡。

狐狸迫使老獾離家

狐狸家遇到了禍事！洞裡的天花板塌了，小狐狸差點被壓死。

狐狸這才感到事情不妙，得搬家了。

狐狸來到老獾家。獾挖了一個傑出的洞穴，東邊和西邊各一個出入口，洞穴裡還遍布許多小型地道，當敵人出其不意進攻時，就能派上用場。

獾的洞穴很大，可以容納兩家人。

狐狸懇求獾分一些地方給牠們住，獾堅定的拒絕了。因為獾是個嚴厲的主人，愛乾淨，愛整齊，容不得一點兒髒。牠怎麼會讓狐狸帶著孩子住進來呢！

狐狸被獾趕了出來。

「好哇！」狐狸想，「既然你這麼不講情面，那就等著瞧吧！」

狐狸假裝走到了樹林裡，其實是躲在灌木叢後，等待機會呢！

獾從洞裡探出頭來瞧了瞧，看到狐狸走了，這才從洞裡爬出來，到樹林裡找蝸牛吃。

狐狸溜進獾的洞穴，在地上便溺，把屋裡弄得骯髒不堪，然後跑了。

獾回家一看，氣得抱怨：「可惡的傢伙！臭氣沖天！」接著就離開這裡，到其他地方重新挖個洞穴。

這正中狐狸下懷。牠趕緊把小狐狸都叼過來，大大方方接收了獾的舊家。

來無影去無蹤的「夜間強盜」

森林裡出現了來無影去無蹤的夜間強盜，林中居民個個驚恐不安。

每天夜裡，總會失蹤幾隻小兔子。

小鹿、琴雞、松雞、榛雞、兔子和松鼠，一到夜裡就覺得危機四伏。無論是灌木叢中的鳥、樹上的松鼠，還是地上的老鼠，都不知道強盜會從哪兒發動攻擊。神出鬼沒的惡徒，一會兒從草叢裡，一會兒從灌木叢裡，一會兒又從樹上冒出來。也許，嫌犯還不止一個，而是整整一支強盜大軍呢！

幾天前的一個夜晚，獐鹿全家（一隻雄獐鹿、一隻雌獐鹿和兩隻小獐鹿）在林中空地上吃草。雄獐鹿站在距離灌木叢八步的地方警戒，雌獐鹿則帶著小獐鹿在空地上吃草。

冷不防，一個黑影從灌木叢裡竄出來，跳上雄獐鹿的背。雄獐鹿倒了下去。

雌獐鹿帶著小獐鹿飛快逃進森林裡。

第二天早晨，雌獐鹿回到空地，只見雄獐鹿只剩下兩隻犄角、四個獸蹄。

昨天夜裡，麋鹿也受到攻擊。當牠穿過茂密的森林時，看見一個奇形怪狀的大木瘤，長在一根樹幹上。

麋鹿在森林裡也算是條好漢，牠還需要怕誰嗎？麋鹿一對犄角碩大無比，連熊都不敢隨意侵犯牠。

麋鹿走到那棵樹下，正想抬起頭仔細看看，樹上的木瘤究竟長什麼樣子？冷不防，一個沉重的東西猛然壓在牠的脖子上。出其不意的襲擊，把麋鹿的魂魄都給嚇跑了。牠晃了晃腦袋，把強盜從背上甩了下去，然後頭也不回的拔腿就跑。因此，牠也沒看清楚究竟是誰偷襲牠。

這片樹林裡沒有狼，況且，狼也不會爬上樹。而熊現在正懶洋洋的躲在密林裡呢！再說，熊也不會從樹上撲到麋鹿的脖子上去。那麼，這個神祕的強盜究竟是誰呢？

真相暫時還沒有大白。

為父則強的「刺魚」

雄刺魚布置好牠的家之後，便給自己娶了位刺魚老婆帶回家。刺魚夫人從這邊的門進去，產下孩子後，就從另一邊的門游走了。

雄刺魚又找了第二位夫人，接著又找了第三位、第四位，可是這些刺魚夫人全都跑走了，只留下牠們產下的孩子，讓雄刺魚照料。

家裡有好多魚寶寶，雄刺魚只得獨自留下來看家。

河裡的許多傢伙都愛吃新鮮魚子。可憐的雄刺魚個子雖小，仍得保護孩子們，不讓凶惡的水底怪物得逞。

不久前，饞嘴的鱸魚闖進牠的家。小個子主人勇猛的撲上去，跟邪惡怪物搏鬥一番。

雄刺魚把身上的五根刺（背上三根，肚子上兩根）全都豎了起來，瞄準鱸魚的鰓部，巧妙的刺進去。

原來呀！鱸魚全身都披著魚鱗，有如厚實的鎧甲，只有鰓部沒有防護。鱸魚被勇敢的雄刺魚嚇了一跳，趕緊溜之大吉。

誰是凶手？

今天夜裡，樹上的松鼠慘遭謀殺。

我們查看了凶案現場，根據凶手在樹幹上和樹底下留下的腳印，我們知道了這個神祕的強盜是誰。

前不久就是牠害死獐鹿，鬧得整座樹林惴惴不安。

我們根據腳印判斷，凶手就是北方森林裡的「豹王」，也就是凶殘的「林中大貓」——猞猁。

小猞猁長大了，猞猁媽媽帶著牠們，在林子裡四處閒逛，在樹上爬來爬去。

夜裡，牠們的視力就跟白天一樣明亮。

睡覺以前沒有躲藏好的動物們，可就要倒大楣了！

天上的大象

空中飄來一片黑沉沉的烏雲，像一頭大象似的。牠不時把長鼻子甩向地面。大象鼻子一碰到地面，大地旋即塵土飛揚。塵土和天上的大象鼻子連在一起，像根繩子似的不斷旋轉，越轉越粗，終於變成了一根轉個不停、頂天立地的巨大柱子。大象把柱子抱在懷裡，繼續往前方奔去。

天上的大象跑到一座小城的上空，就停止不動了。忽然，大象流下巨大的雨滴。大雨如注，是真正的傾盆大雨！屋頂和人們撐在頭上的傘，響起了「嘩啦嘩啦」的聲音。

你猜猜，除了雨點之外，還有什麼東西敲得它們轟隆作響？竟然是蝌蚪、蛤蟆和小魚！

後來，人們才明白這片大象般的烏雲，是

借助龍捲風（從地下一直捲到天上的旋風）的幫忙，先在一座森林中的小湖喝飽了水，帶著水裡的蝌蚪、蛤蟆和小魚，一起在天上飛馳了一段距離，然後，把這些水中的小動物們通通丟在小城裡，又繼續向前飛奔。

亂哄哄的水中餐廳

在「五一集體農莊」的池塘裡，豎著幾根木棍，上面都掛著寫有「魚餐廳」的招牌。

每天早晨，招牌周圍的水域一片沸騰，魚兒們焦急地等著吃早餐。魚群沒什麼紀律可言，牠們你碰我、我撞你，亂成一團。

七點鐘的時候，農莊食堂的人乘著小船，來給水下餐廳送飯，餐點有馬鈴薯、雜草種子揉成的團子、曬乾的小金蟲和其他美味佳餚。

這時，餐廳裡的魚可多了，每個餐廳裡至少有四百條魚在吃早餐。

少年自然科學家的觀察報導

我們的集體農莊位於一片小橡樹林旁。以前不太有布穀鳥飛進這片樹林，頂多叫個一、兩聲「咕咕」，就跟我們說再見了。可是今年夏天，我卻經常聽到布穀鳥在叫。

這天，集體農莊的牛群被趕到那片樹林裡去吃草。中午，一個牧童跑過來大叫道：「牛群發瘋了！」

大家趕緊往樹林裡跑。不得了！這裡的景象好可怕！牛隻亂跑亂叫，用尾巴抽打自己的背，閉著眼睛往樹幹亂撞，真擔心牠們會把自己的頭撞碎，或者把我們都踩在地上！大家連忙把牛群趕到別處去。

這到底是怎麼一回事呢？

原來是毛毛蟲闖的禍。一條條咖啡色的大毛蟲真像一群小野獸，牠們密密麻麻的黏在所有橡樹上。

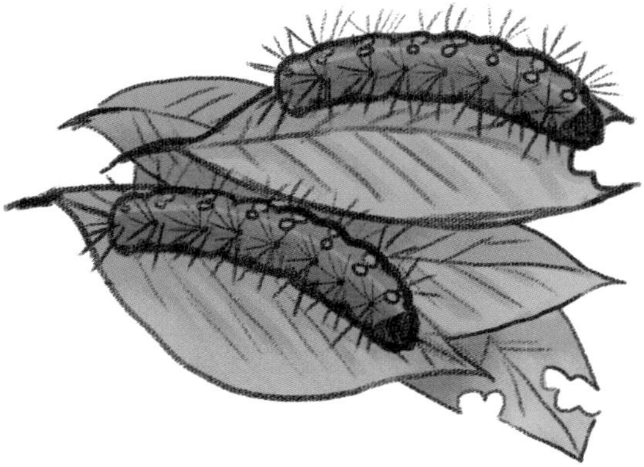

有些樹枝被啃得光禿禿的，樹葉也被牠們吃光了。

毛毛蟲身上的毛脫落下來，隨風四處飄散，吹進了牛的眼睛裡，刺得牠們亂跑亂撞的直喊痛。

請猜猜看最後發生了什麼事？橡樹竟然都挺過來了。還不到一星期，鳥兒就吃光了所有的毛毛蟲。鳥兒真了不起，是不是？不然我們這片小樹林可就遭殃啦！

這裡的鳥兒可真多。我這輩子從未見過這麼多的布穀鳥聚在一起；除了布穀鳥，還有美麗的金色黑條紋黃鸝，以及櫻桃紅色翅膀綴有淡藍色條紋的松鴉，都從周圍飛到這片橡樹林。

■ 發自尤拉

【打靶場】問答遊戲

① 一年之中，哪一天的白天最長呢？

② 銀色水黽如何在水中蓋房子呢？

③ 狐狸如何逼迫老獾離家，並住進牠的房子？

① 夏至。

② 在水底下的水草間結成蜘蛛網，再浮到水面上，用毛茸茸的腹部帶回氣泡，最後把氣泡儲存在蜘蛛網下，就完成了！

③ 狐狸趁老獾出外覓食，在老獾家便溺，而愛乾淨的老獾受不了骯髒，只好離開了。

第五期 小鳥出生月——夏季第二月

太陽史詩【七月】

七月是夏季的鼎盛時期。它不知疲倦的整頓世界，命令稞麥深深鞠躬，把頭垂到地面。燕麥已套上了長袍，蕎麥卻連襯衫都還沒穿上。

綠色的植物利用陽光鍛鍊身體。成熟的稞麥和小麥像一片金色海洋。我們把麥子貯存起來，作為下一年的糧食。我們收割了一片片青草地，堆成一座座乾草堆，為牲口貯藏乾草。

鳥兒變得沉默不語，牠們現在沒時間唱歌了。所有的鳥巢裡都有了幼鳥。幼鳥剛出生的時候，身上光禿禿的，沒有毛，眼睛也看不見，需要父母照料一段時間。現在，地上、水中、林子裡，甚至空中，都遍布著幼鳥的食物，足夠讓大家都吃飽。

森林裡有許多鮮美多汁的小果實，像是草莓、黑莓、覆盆子和醋栗。在北

方，有金黃色的木梅；在南方果園裡，有櫻桃、草莓和甜櫻桃。草地脫下金色的外套，換上了甘菊的花衣裳，白色花瓣反射著炙熱的太陽光。現在可不能跟生命的創造者——太陽——開玩笑，「光明之神」的撫觸會把你灼傷。

愛操心的母親

麋鹿媽媽和所有的鳥媽媽，都是非常愛操心的母親。

麋鹿媽媽為了牠的獨生子，隨時準備犧牲自己的生命。大熊如果想攻擊小麋鹿，麋鹿媽媽會抬起前腳、後腳回擊。這一頓蹄子讓熊大爺印象頗深，如此一來，牠再也不敢打小麋鹿的主意了。

《森林報》的記者在田野裡碰到一隻小山鶉，牠從他們腳邊跳出來。

記者們捉住了小山鶉，小山鶉啾啾的大叫。突然，山鶉媽媽不知從哪裡跑了出來，牠看見自己的孩子被人家捉在手裡，就一邊咕咕叫著，一邊撲過來，然後又摔倒在地。

記者們以為牠受傷了，就扔下小山鶉，光顧著去追牠。

山鶉媽媽在地上一瘸一拐的走著，記者們眼看伸手就能捉到牠了。可是每次伸手，山鶉媽媽就往旁邊閃躲。

忽然，山鶉媽媽揮舞翅膀，從地上飛起，若無其事的飛走了。記者們趕緊掉頭去找小山鶉，卻連個影子也找不到。

原來山鶉媽媽是故意假裝受傷，把記者們從孩子的身邊引開。牠把每個孩子都保護得這麼好，不過，牠總共有二十個孩子呢！

可怕的冒牌幼鳥

柔弱纖細的鶺鴒媽媽，在巢裡孵出六隻幼鳥。五隻幼鳥長得都挺像樣，第六隻卻是其貌不揚，渾身上下皮膚粗糙，青筋直暴，長著一顆大腦袋，一雙凸眼睛，眼皮下垂著。牠一張開嘴巴，肯定讓人嚇得連退三步；牠的嘴巴是個無底洞，如同野獸的血盆大口。

出生後第一天，牠安靜的躺在鳥巢裡，只有在鶺鴒媽媽銜著食物飛回來的時候，牠才吃力的抬起沉甸甸的大腦袋，張開大嘴，低聲吱吱叫著：「**餵我！餵我！**」

第二天清晨，涼風習習，爸爸和媽媽飛出去覓食了。這時候，小怪物蠕動起來。牠低下頭，把頭抵住巢底，又開兩腿，開始往後退。

牠的屁股撞上了牠的弟弟，接著開始把屁股塞到弟弟的身體下方，又把光禿禿的彎翅膀往後面甩。牠那對翅膀像一把鉗子似的鉗住了弟弟，就這麼繼續往後退，一直退到鳥巢的邊緣。

小醜怪用腦袋和兩腳撐住巢底，把弟弟越抬越高，一直抬到巢頂的高度。這時，醜八怪挺直身子，猛然往後一甩，弟弟就從鳥巢裡飛了出去。

鶺鴒的巢是築在河邊懸崖上的。那隻才一丁點大、還沒長毛的可憐小鶺鴒，「砰！」的一聲跌在礫石上，摔得粉身碎骨。

而凶惡的醜八怪自己也差點從鳥巢裡摔出去，牠在巢邊不停地搖晃，幸虧牠的大頭頗有分量，才平衡住身體，留在巢裡。

可怕的犯罪經過只花了兩、三分鐘。最後，精疲力竭的醜八怪動也不動，在巢裡躺了大約十五分鐘。

鶺鴒爸爸和鶺鴒媽媽飛回來了。醜八怪伸長青筋直暴的脖子，抬起沉甸甸的大腦袋，一副懵懵懂懂的樣子，若無其事的張開嘴巴，尖聲大叫：「**餵我！餵我！**」

醜八怪吃飽了，休息夠了，又開始對付第二個弟弟。

這個弟弟沒那麼容易搞定，牠拼命掙扎，一次又一次的從醜八怪的背上滾下來。但是，醜八怪寸步不讓。

五天後，醜八怪睜開了眼睛，看見只有牠自個兒躺在巢中，其他五個小兄弟都被牠推到巢外摔死了。

在牠出生後的第十二天，牠才長出羽毛。此時，真相大白！鶺鴒夫婦倒楣透頂，牠們撫養的竟然是一隻「布穀鳥」。

可是小布穀鳥叫得可憐兮兮，像極了牠們死去的孩子。小布穀鳥抖動著翅膀，哀求著乞食，樣子惹人憐愛。嬌小溫柔的夫妻倆不忍心拒絕牠，也不忍心棄養牠。

鶺鴒夫婦過著半饑半飽的生活，從早忙到晚，給養子小布穀鳥送來肥壯的青蟲，卻連自己的肚子都來不及填飽。牠們幾乎得把整個頭伸進小布穀鳥的血盆大口裡，才能把食物塞進那張貪得無饜、無底洞似的大嘴巴。

一直忙到秋天，牠們才把布穀鳥養大。沒多久，布穀鳥飛走了，從此再也沒來看過養父母。

小熊洗澡

我們熟識的一名獵人沿著林中小河的岸邊走，忽然，他聽見「喀嚓喀嚓」一陣樹枝斷裂的巨響。獵人大吃一驚，急忙爬上樹。

一隻棕色的大母熊從樹林裡走了出來，後面跟著兩隻活蹦亂跳的小熊和一隻熊哥哥。熊哥哥是熊媽媽一歲大的兒子，現在暫時充當兩個弟弟的保姆。

熊媽媽坐了下來。

熊哥哥叼住一隻小熊的後頸，準備把牠浸到河水裡。小熊尖聲大叫，四腳亂蹬。可是熊哥哥緊叼著牠不放，直到把牠泡在水裡，洗得乾乾淨淨為止。

另外一隻小熊怕洗冷水澡，飛快的溜進樹林裡。熊哥哥追上去，賞了牠好幾巴掌，然後照樣把牠抓到河裡洗澡。

洗著洗著，熊哥哥一不小心鬆開嘴巴，讓小熊掉進了水裡。小熊嚇得大叫！熊媽媽立刻跳下水，把小熊拖上岸，然後狠狠的揍了熊哥哥，打得這個可憐蟲哀號起來。

兩隻小熊都上了岸，似乎很滿意剛才的體驗。原本，驕陽似火，牠們穿著毛茸茸的厚重大衣，熱得難受；不過，在冷水裡洗個澡，感覺涼快多了。洗完澡後，熊媽媽帶著孩子們，回到了樹林裡。獵人這才從樹上爬下來，走回家去。

水下戰鬥

跟在陸地上生活的孩子們一樣，在水底下生活的孩子們也喜歡打架。兩隻小青蛙跳進池塘，看見怪模怪樣的蠑螈躺在裡面。蠑螈的身子細長，腦袋大大的，四條腿短短的。

「多麼可笑的怪物呀！」小青蛙心想，「我要跟牠打一架！」

一隻小青蛙咬住大頭蠑螈的尾巴，另一隻小青蛙咬住牠的右前腳。

兩隻小青蛙使勁一拉，蠑螈把尾巴和右前腳留在了小青蛙的嘴裡，然後飛快的逃走了。

幾天後，小青蛙又在水底碰到這隻蠑螈。現在，牠變成了真正的怪物：該長尾巴的地方，長出了一隻腳；右前腳被扯斷的地方，卻長出了一條尾巴。

蜥蜴也有這樣的本領：尾巴斷了，能重新長出一條新的尾巴來；腳斷了，能重新長出一隻腳來。而蠑螈在這方面的本領，比蜥蜴還要強。不過，有時牠們會犯糊塗，在斷了末肢的地方，會長出完全不符合原先部位的肢體。

寄自空中島嶼的一封信：「鳥島」

我們乘著船在卡拉海東部航行，周圍是無邊無際的海水。

忽然，桅頂航海員叫道：「正前方，有一座倒立的山！」

「他到底看到了什麼呢？」我想知道，所以爬上了桅杆。

我清楚的看見：我們的船正在駛向一座岩壁陡峭、倒掛在空中的島嶼。一塊塊岩石上下顛倒的懸掛在空中，完全沒有任何東西支撐。

「這怎麼可能呢？」我自言自語的問。

突然之間，我想到了：「啊！是折射！」於是我情不自禁的笑了起來。

折射是一種奇特的自然現象。在北極海上，常常會出現折射現象。這種現象又叫做海市蜃樓。當船在海面行駛的時候，船員會突然看見遠處的海岸，或者一艘船，倒掛在空中。這是它們在空中顛倒過來的影像，如同在照相機的觀景窗中看到的那樣。

幾小時後，我們的船抵達了那座遠方的小島。小島當然沒有倒掛在空中，而是穩穩的矗立在海上，陡峭的岩壁也都好端端的立在那兒。

船長測定了方位、查看過地圖後，說這座島叫比安基島，位於諾爾傑歇爾特群島的海灣入口處。這座島是為了紀念俄羅斯科學家瓦連京·里沃維齊·比安基而命名的，也就是我們《森林報》所紀念的那位科學家。所以我想，也許你們會想知道這座島的模樣和島上的生態。

這座島由許多雜亂的岩石堆成，既有巨大的圓石頭，也有大石板。岩石上既不長灌木，也不長青草，只有一些淡黃色和白色小花隨風搖曳。另外，在背風朝南的岩石上，長滿了地衣和苔蘚。島上還長著另一種苔蘚，很像我們那兒的平茸菇，柔軟肥厚。我從來沒有在其他地方見過這種苔蘚。

在傾斜的海岸上，還有一大堆漂來的木頭，有圓木，有樹幹，也有木板。這些都是從海上漂來的，也許漂了幾千公里呢！等這些木頭都乾透了，只要彎起手指輕輕一敲，就會發出清脆的聲響。

現在是七月底，可是這裡的夏天才剛剛開始。不過，這並不妨礙那些大浮冰、小冰山，在太陽底下閃著耀眼的光芒，悄悄的漂過島嶼旁邊。這裡的霧很濃，低低的飄在海面上，讓我們只看得到過往船隻的桅杆，卻看不見船身。況且，很少有船經過這裡。島上杳無人煙，所以這裡的野獸一點也不怕人。

比安基島是一座真正的鳥類樂園。這裡沒有那種幾萬隻鳥擠在一塊岩石上築巢的情形。不計其數的鳥無拘無束，在島上安排自己的住所。成千上萬隻野鴨、大雁、天鵝、潛鳥，以及各種各樣的鷸在此築巢，而海鷗、北極鷗和管鼻鸌在位置比較高的光禿岩石上築巢。這裡的海鷗品種眾多，像是渾身雪白、翅膀黑黑的黑背鷗；小巧玲瓏、尾巴像剪刀般岔開的粉紅燕鷗；通體雪白的雪鴞；專吃鳥蛋、幼鳥和小獸，高大凶殘的北極鷗；唱著歌，像百靈鳥一樣飛向高空，有著白翅膀、白胸脯的美麗雪鴞。北極百靈鳥在地上邊跑邊唱，牠們頸子上的黑羽像臉上長著黑鬍子，頭上立著兩撮冠毛像一對黑色的小犄角。

這裡的野獸就更有趣了。我帶著早餐，坐在海岬邊的海岸上，旅鼠在一旁竄來竄去。這是一種小巧的齧齒動物，渾身毛茸茸的，長著黑、灰、黃三色相間的花斑。

島上有很多北極狐，我曾經在石堆中見過一隻；牠當時正偷偷的靠近一窩還不會飛的小海鷗。忽然，大海鷗們發現了牠，便尖叫著一齊向牠猛撲過去，嚇得這個小偷夾起尾巴，拔腿就跑。這裡的鳥善於保護自己，也絕不會讓自己的孩子受欺負。這樣一來，野獸可要挨餓了。

我開始往海上遠眺，那裡有許多鳥在游泳。我吹了聲口哨，忽然，從岸邊水底下鑽出了幾顆光溜溜的圓腦袋，一雙雙烏黑的眼睛好奇的盯住我，牠們也許在想：「這是什麼怪物啊？他為什麼要吹口哨？」牠們是海豹，一種個頭不大的海豹。

一隻體型很大的海豹，從距離岸邊稍遠的地方冒了出來，有些體型更大、長著鬍子的海象在更遠的地方戲水。剎那間，所有的海豹和海象都鑽進水裡，鳥兒大叫著飛向天空。原來，一隻白熊從水裡露出腦袋，游過島嶼的旁邊。牠可是北極地區最強悍、最殘暴的野獸。

我的肚子餓了，想拿早餐來吃，可是卻不見了。我很清楚的記得，自己把食物放在身後的一塊石頭上……想到這兒，我跳了起來。

一隻北極狐從石頭底下竄了出來。

小偷！小偷！就是牠悄悄的接近我，偷走了我的早餐。牠嘴裡還叼著我用來包三明治的那張紙呢！

瞧，這裡的鳥兒把一隻正派的野獸，逼到什麼地步了！

■發自遠航領航員瑪律丁諾夫

【打靶場】問答遊戲

①山鶉媽媽用什麼方式拯救被人類抓走的小山鶉？

②哪一種鳥會把蛋下在別種鳥類的巢裡？

③依照〈水下戰鬥〉的報導，哪些動物在肢體斷掉後，還有再生的能力？

①山鶉媽媽假裝成受傷的樣子，讓人類以為可以輕易捕捉，藉此把人類的注意力轉移到自己身上。

②布穀鳥。

③蠑螈和蜥蜴。

第六期　結伴飛行月——夏季第三月

太陽史詩【八月】

八月是閃亮的月份。夜裡，金星流動的光輝，無聲的照亮了樹林。

草地在夏季裡最後一次換上新裝，花兒的顏色由淺轉深，變成藍色和淡紫色。太陽的光線則開始減弱，是時候收藏這臨別的陽光了。

蔬菜、水果這類較大的果實即將成熟了；樹莓、越橘這類晚熟的漿果也快要成熟了；沼澤地上的蔓越橘和樹上的山梨，都跟上了成熟的腳步。

蘑菇開始生長，它們活像一群小老頭，不喜歡火辣辣的太陽，反而習慣躲在陰涼的地方，盡量不讓太陽曬到自己。

樹木已經不再長高、長粗了。

蜘蛛飛行員

沒有翅膀要怎麼飛行呢？

必須想辦法呀！瞧，蜘蛛搖身一變，成了氣球飛行員。

小蜘蛛從肚子裡抽出一根細蛛絲，掛到灌木上。微風吹得蛛絲左右搖晃，卻怎麼都吹不斷。細蛛絲像蠶絲一樣堅韌。

小蜘蛛站在地上，蜘蛛絲在樹枝和地面之間飄蕩。小蜘蛛繼續抽出細絲，讓細絲把身體纏住，好像裹在蠶繭裡似的。

風越刮越大，蜘蛛絲越抽越長。

小蜘蛛用腳牢牢的抓住地面。

一，二，三，小蜘蛛迎著風飛上去，咬斷掛在樹枝上的蜘蛛絲。

一陣風吹起，小蜘蛛要展開飛行旅程了！

牠趕緊把纏在身上的絲線解開！

用細絲製作的小氣球升到空中，高高飛翔在草地和灌木叢之上。

蜘蛛飛行員從上往下看，哪兒最合適呢？

下面有樹林、有小河。

繼續往前飛！繼續往前飛！

咦！這是誰家的小院子呢？一群蒼蠅正圍繞在糞堆旁。

停下來吧！降落！

蜘蛛飛行員把細絲繞到自己的身體下方，用小爪子把蜘蛛絲纏成一團小球。小氣球越降越低……

預備！著陸！

蜘蛛絲的一頭掛在草叢上，小蜘蛛順利著陸了！

在這裡可以平靜的過日子，可以看到許多小蜘蛛帶著細絲在空中飛舞，這種現象往往發生在乾燥晴朗的秋日。此時，農民們就會說：「夏天變成老奶奶了！」蜘蛛的細絲就像是銀髮在飄蕩。

嚇破膽子的狗熊

一天晚上，獵人很晚才走出森林，返回村莊。他走到麥田邊，看見田裡有個黑影在閃動。那是什麼東西呀？難道是牲口闖到了不該去的地方嗎？仔細一看，我的天啊！原來是隻大狗熊。牠肚皮朝下，趴在地上，兩隻前掌抱住一束麥穗，把麥穗壓在身子底下吸吮著。牠懶洋洋的趴著，心滿意足的打了飽嗝。看來，牠很喜歡喝麥漿。

獵人沒有子彈，只帶了一顆小霰彈（他原本是去獵鳥的）。不過他是個勇敢的年輕人，他想：「不管打得中或打不中，先開一槍再說，總不能讓狗熊糟蹋集體農莊的麥田吧！不打傷牠，牠是不會離開的。」

他裝上霰彈，「**砰！**」的一槍，槍聲正好在狗熊的耳邊炸響。這突如其來的聲響，把狗熊嚇得一躍而起。

麥田邊有一叢灌木，狗熊像隻鳥兒似的飛撲過去。牠摔了個大跟斗，掙扎著爬起來，頭也不回的跑向森林。

獵人看到狗熊的膽子這麼小，覺得很好笑，然後他就回家了。

第二天，他想：「我得去瞧一瞧，不知道田裡的麥被狗熊吃掉了多少？」他來到昨晚的麥田邊，只見熊糞的痕跡一直延伸到森林裡，原來昨天狗熊嚇得拉肚子了。

他順著痕跡找過去，看見狗熊躺在那兒，已經死掉啦！這麼說，牠竟然被突如其來的聲響嚇死了，狗熊還號稱是森林裡最強悍、最可怕的野獸呢！

湖上的「暴風雪」

昨天，在我們這兒的湖面上颳起了「暴風雪」。輕盈的鵝毛大雪飛舞在空中，眼看就要落到水面，卻又騰空躍起。

當時天氣晴朗，驕陽似火。熱氣在炙熱的陽光下緩慢的流動，沒有一絲微風，可是湖面上卻大雪紛飛！

今天早上，一片片乾燥沉寂的雪花落在湖面和湖岸上。這種雪花真奇怪，不但在灼熱的太陽下不會融化，在陽光下也不會閃閃發光，而且溫暖易碎。

我們向湖邊走去，走到岸邊時，才發現這根本不是雪花，而是成千上萬隻長著翅膀的小昆蟲，也就是蜉蝣。

牠們在黑茫茫的湖底住了整整三年，直到昨天，牠們才從湖裡破土而出，飛了出來。

在湖底時，牠們是模樣醜陋的幼蟲，在淤泥裡蠕動；牠們的食物是淤泥和臭氣熏天的水藻；從未見過太陽。就這樣，過了三年，整整一千個日子。

昨天，這些幼蟲爬上岸，脫掉身上醜陋的幼蟲皮，展開輕盈的翅膀，釋放出三條尾巴，也就是三條細長的線，飛到空中去了。

牠們只能擁有一天的生命，可以在空中旋轉、跳舞、尋歡作樂，因此，牠們又稱為「短命鬼」。

整整一天，牠們在陽光下跳舞，像輕盈的雪花在空中飛舞旋轉。雌蜉蝣降落到水面，在水裡產下細小的卵。

當太陽西沉、黑夜降臨的時候，蜉蝣的屍體灑落在水面與湖岸。蜉蝣的卵將孵化成幼蟲。下一代又將在黑暗的湖底度過整整一千天，然後張開翅膀飛到湖面上空，做一天快活的「短命鬼」。

打獵：白楊樹上

高大的冷杉林裡萬籟俱寂，一片漆黑。太陽剛剛落到森林後方。獵人緩慢的走在沉默無語的筆直樹幹之間。前面傳來一陣蕭瑟，好像是一陣風出其不意的刮進了綠葉叢中。前方是白楊樹林。獵人停住腳步。又是一片寂靜。

聽，彷彿是稀稀落落的大顆雨滴，落在樹葉上。

噗托、噗托、吧嗒、吧嗒、吧嗒……

獵人輕手輕腳的往前走，慢慢接近白楊樹林。隔著茂密的樹葉，獵人什麼也看不見。他站定，一動也不動。

看誰更有耐心：躲在白楊樹上的那位，還是帶著槍、藏在樹下的這位呢？

長久的沉默。靜得可怕。

聲音又響了起來：吧嗒、吧嗒、吧嗒、噗托……

啊哈！這下子你可把自己暴露了！

獵人仔細瞄準，開了一槍。於是那隻粗心大意的小松雞，重重的摔了下來。

在這場競賽中，鳥兒藏得好，獵人明察秋毫。就看誰更有耐心？誰的眼睛更銳利？

【打靶場】問答遊戲

①樹木在哪個月份會停止長高？

②蜘蛛展開飛行之後，要如何降落呢？

③哪一種昆蟲在離開湖底的爛泥、爬到岸上之後，只有一天的生命？

①八月。

②把蜘蛛絲收回，用小爪子纏繞到身體下方，纏成一團蜘蛛絲小球，就可以降落了。

③蜉蝣。

第七期　候鳥離鄉月——秋季第一月

太陽史詩【九月】

九月終日愁眉苦臉的哭泣，天空變得經常皺眉頭，而風開始吼叫。

秋季的第一個月開始了。

秋天跟春天一樣，有一份自己的工作時間表；不過，恰好相反的是，秋天的工作是從空中開始，而不是地面。樹葉得不到充足的陽光，立刻開始枯萎，很快就失去了翠綠的色彩，開始慢慢變黃、變紅、變褐。葉柄長在樹枝的地方，會形成一個衰老的帶狀殘柄。

即使在平靜無風的日子裡，樹葉也會突然飄落：這兒落下一片黃色的樺樹葉，那兒落下一片紅色的白楊樹葉，在空中輕輕飄飛著，靜靜的掃過地面。

當你清晨醒來的時候，第一次看見了青草上的白霜，你在日記裡寫道：「秋天開始了！」每年第一次降霜，總在黎明前。所以，從這一天起，更準確

的說，從這一夜起，越來越多枯葉從枝頭飄落；直到最後，清掃樹葉的西風刮起，森林才褪去全套華麗的夏裝。

雨燕早已沒了蹤影，而家燕和其他在我們這裡度過夏季的候鳥，都集結成群，在夜裡悄悄踏上遙遠的旅途。

天空越來越空曠，水溫也越來越冰涼，人們已經不想跳到河裡去游泳。

可是突然間，好像是對火紅夏日的紀念，溫暖乾燥、晴朗無風的日子又回來了。剛播下的農作物在田裡歡快的閃耀。

「夏天的老奶奶來了！」農民們笑著說，欣賞著生機勃勃的秋播作物。

森林裡的居民們在為漫長的冬季進行準備。冬眠的動物躲進安全的地方，把自己暖和的包裹起來。只有兔媽媽們不甘寂寞，不願承認夏天已經過去，又生下了一窩小兔子！這些小兔子被稱為「落葉兔」。

這時，細柄的食用菇長出來了。夏季結束，候鳥離鄉

月到了。

像春天時那樣，發自森林的電報紛紛飛向編輯部：新聞時時有，大事天天見。又像候鳥返鄉月時那樣，鳥兒開始大遷移，只不過這回是從北往南飛。

秋天就這樣開始了。

發自森林的第四封電報

那些身穿豔麗五彩華服的鳴禽都不見了。因為牠們在半夜起飛，我們沒看見牠們上路時的情況。

許多鳥兒更喜歡在夜間飛行，因為這樣比較安全，而且即使在漆黑的深夜，候鳥也能找到飛往南方的路線。在黑暗中，遊隼、老鷹和其他猛禽不會攻擊牠們。白天，這些猛禽都從森林裡飛出來，在半路上恭候著！

野鴨、潛鴨、大雁和鷸等水鳥，一群群出現在海上的長途飛行航線上，這些長著翅膀的旅客，在春天休息過的地方歇腳。

不知道是誰，每天夜裡在海灣內的淤泥地上，畫了一些小十字和小坑洞。這些圖樣布滿了淤泥地。我們在小海灣的岸邊搭了一個小棚子，想躲起來看看是誰在那兒作畫。

林中巨人的激戰

傍晚，太陽就要下山了。森林裡傳來短暫的、沙啞的吼叫聲。長著犄角的「林中巨人」大公麋鹿，用發自喉嚨深處的沙啞吼聲向對手挑戰。

鬥士們在林中空地相遇。牠們用蹄子刨地，雙眼布滿血絲，低下長著大犄角的頭，猛撲向對方。犄角劈哩啪啦的相撞，鉤在一起。牠們用巨大身軀的全部重量推撞彼此，竭力想扭斷對方的脖子。

牠們分開來，又衝上去，一會兒把身子彎到地，一會兒又用後腿站立起來，用犄角相互衝撞。

笨重犄角相撞的咚咚聲在森林裡轟鳴。難怪人們把公麋鹿叫做「犁角獸」，

因為牠們的犄角像犁似的又大又寬。

戰敗的公麋鹿，有的慌忙逃離戰場，有的受到可怕的大犄角致命撞擊，扭斷了脖子，血淋淋地倒在地上。獲勝的公麋鹿，用鋒利的蹄子踐踏對手。

於是，犁角獸吹起勝利的號角，雄壯的吼聲響徹森林。一隻沒有犄角的母麋鹿在森林深處等待牠。獲勝的公麋鹿成了這一帶的主人，牠不容許其他公麋鹿踏入牠的領地；牠甚至不能容忍年幼的小麋鹿，就把牠們也攆走了。

牠那雷鳴般嘶啞的吼聲，一直傳到很遠的地方。

發自森林的第五封電報

我們在觀察，究竟是誰在海灣沿岸的淤泥地上畫了小十字。

原來是濱鷸。

布滿淤泥的小海灣是濱鷸的飯店。牠們在這兒歇歇腳，吃點東西。牠們邁著長腿在柔軟的淤泥上走來走去，留下許多腳趾分得很開的腳印。牠們把長嘴插到淤泥裡，從裡面拖出小蟲當早餐，就留下了小坑洞。

我們抓到一隻鷸。牠整個夏天都待在我家的屋頂上。我們把一個很輕的鋁製金屬環套在牠的腳上，環上刻著一行字：「莫斯科，鳥類學研究委員會，A組第一百九十五號」。然後，我們放了這隻鷸，讓牠帶著環飛走。要是有人在牠過冬的地方抓住牠，我們就可以得知，這個地區的鷸在什麼地方過冬。

森林裡的樹葉已經變得五顏六色，並且開始往紛紛掉落。

■ 發自本報特約記者

夜的驚恐

住在市郊，幾乎每個夜晚都讓人驚恐不安。人們聽見院子裡的喧鬧聲，就從床上跳起來，把頭探出窗外。「怎麼啦？發生了什麼事？」

家禽在樓下的院子裡，大聲的撲騰著翅膀，鵝「咯咯」的叫，鴨子「呱呱」的吵。難道是黃鼠狼來了？或是狐狸鑽進了院子？

屋主巡視了院子，檢查了家禽圍欄。一切正常，什麼也沒看見，也許只是家禽做了噩夢吧！瞧，牠們現在不是已經安靜下來了嗎？

人們爬上床，安心睡覺。

可是過了一小時，又傳來「咯咯咯」、「呱呱呱」的聲音。院子裡的家禽驚恐喧鬧，亂作一團。「又出了什麼事？」人們打開窗戶，屏息靜聽。黑沉沉的天空中，只有星星閃著金光，四周寂靜無聲。

可是，似乎有一道道不可捉摸的影子，在上空掠過，一道接著一道，遮住了天上的星星。人們聽見一陣輕輕的、斷斷續續的嘯聲。一種模糊不清的聲音，從高高的夜空中傳來。

家鴨和家鵝立刻醒了過來。這些鳥兒原本好像早已忘卻了自由，此刻卻有股莫名的衝動，不停的搧動翅膀。牠們踮起腳尖，伸長脖子，悲苦的叫呀叫！

那些自由的野生兄弟姐妹們，在黑暗的高空回應著牠們。一群又一群長著翅膀的旅行家，正從石頭房子和鐵屋頂上飛過。野鴨的翅膀發出「噗噗」的聲音。大雁和雪雁輕輕的回應家禽們的悲鳴：「咯！咯！咯！上路吧！上路吧！遠離寒冷！遠離饑餓！上路吧！上路吧！」

候鳥清脆的「咯咯」聲消失在遠方。而那些早已忘記如何飛翔的家鴨和家鵝，卻還在石頭院子的深處輾轉反側。

躲進過冬的小窩

天氣變冷了，美麗的夏天過去了。

血液凍得快要凝固了，讓大家都懶得動彈，總是想打瞌睡。

長著尾巴的蠑螈，整個夏天都住在池塘裡，一次也沒出來過。現在，牠爬上岸，慢慢的爬到樹林裡。牠找到一個腐爛的樹墩，鑽到樹皮下，在裡面縮成一團。青蛙恰好相反。牠們從岸上跳進池塘，沉到池底，深深的鑽進淤泥裡。蛇和蜥蜴躲到樹根底下，把身子藏在暖和的苔蘚裡。魚兒成群結隊的擠到河流深處，水底的深坑裡。蝴蝶、蒼蠅、蚊蟲和甲蟲都鑽到樹皮裡，或是牆壁的裂口和細縫裡，躲藏起來。螞蟻堵住了所有的大門，塞住高城的一百個出入口。牠們鑽進高城的最深處，在那裡擠作一團，彼此緊緊的挨在一起，一動也不動的睡著了。

忍饑挨餓的時候到了！

屬於恆溫動物的飛禽走獸倒不太怕冷，每當牠們吃下東西，體內就好像生起了一盆火。可是，饑餓總是伴隨著寒冷一起降臨。

蝙蝠沒有東西可吃，於是，牠們躲在樹洞、石穴、岩縫裡，還有閣樓屋頂下面，用後腳爪鉤住一樣東西，頭朝下倒掛著，再用翅膀遮住身體，好像披了一件風衣似的，就這樣入睡了。

青蛙、蛤蟆、蜥蜴、蛇和蝸牛全部躲了起來。刺蝟躲進樹根下的草堆裡。獾也很少出洞了。

打獵：六條腿的馬

雁成群結隊的田裡覓食，哨兵們站在四周，以防人和狗靠近這裡。

馬兒在遠處的田野裡走來走去。雁不怕牠們。大家都知道，馬是一種溫和的草食動物，不會侵犯飛禽。有一匹馬一面撿著又短又硬的殘穗吃，一面漸漸靠近雁群。不過沒關係，即使牠走到跟前，雁也來得及飛走。

這匹馬長得真怪，牠竟然有六條腿呢！真是個怪物！牠的其中四條腿是常見的馬腿，另外兩條腿穿著長褲。

擔任哨兵的雁，「咯咯咯」的叫起來，發出警報。群雁抬起頭來。

那匹馬慢騰騰的走過來了。哨兵展開翅膀，飛過去偵察。牠從空中看見，有個人躲在馬的後面，手裡還拿著一把槍。「咯咯咯！咯咯咯！快逃呀！」偵察員發出逃跑的信號。群雁連忙展開翅膀，艱難的飛離地面。

獵人在雁群起飛後連開兩槍，可是牠們早已飛遠了，霰彈沒有打到牠們。雁群得救了！

打獵：應戰的老麋鹿

每天晚上，麋鹿嘹亮的戰鬥號角在森林裡響起：「凡是不怕死的，都出來打一架吧！」

一隻老麋鹿聽到後，便從長滿苔蘚的獸穴裡站起來。牠那寬闊的犄角分岔成十三支，身高約兩米，體重約四百公斤。老麋鹿笨重的蹄子重重踏在濕漉漉的苔蘚上，把擋路的小樹枝都踩斷了，怒氣衝天的趕去應戰。

途中，又傳來了對手戰鬥的號角聲。

老麋鹿用可怕的吼聲回應。這吼聲懾人心魄，一群琴雞嚇得從白樺樹上掉下來，膽小的兔子驚慌失措的從地上竄起，拼命逃進密林裡。

「我倒要看看是誰敢來挑戰？」

麋鹿的雙眼充血，直向敵人衝過去。密林逐漸變得稀疏，牠衝進一片林中空地。

「原來在這裡啊！」

麋鹿從樹後猛衝上前，想用犄角撞擊敵人，用身體的重量壓垮敵人，再用鋒利的蹄子把敵人踩個稀巴爛。

直到「砰！」的一聲槍響，老麋鹿才看見有個拿槍的人躲在樹後，腰上還掛著一個大喇叭。

老麋鹿慌忙往密林裡逃，牠身上的傷口血流不止，身體虛弱得直搖晃。

【打靶場】問答遊戲

①根據前面的報導，哪些樹的樹葉會在秋天變色？

②秋天落葉時，哪一種動物還會生孩子？

③為什麼老麋鹿又被稱作「犁角獸」？

①白楊樹、樺樹。

②兔子。

③因為牠們的犄角像犁似的又大又寬。

第八期 儲備糧食月——秋季第二月

太陽史詩【十月】

十月落葉繽紛，泥濘不堪。

專摘樹葉的西風，從樹上扯下了最後一批枯葉。陰雨綿綿，一隻濕漉漉的烏鴉，百無聊賴的蹲在籬笆上，牠即將展開長途飛行。

在我們這裡度過夏天的灰色烏鴉，已經悄悄的飛往南方；同時，一批在北方出生的灰色烏鴉，悄悄的飛了過來。原來烏鴉也是候鳥。在那遙遠的北方，烏鴉跟這裡的白嘴鴉一樣，春天時最先飛來，秋天時最晚飛走。

秋，完成了第一件差事：幫森林脫衣裳；現在開始進行第二個任務：讓水變冷，變得更冷、更冷。早晨，水窪越來越常被鬆脆的薄冰覆蓋。和空中一樣，水中的生命也越來越少了。夏天曾經在水上盛開的花朵，早已把種子丟入水底，把長長的花梗縮回水下。魚兒游到深坑裡過冬，因為深坑裡的水不結冰。

不會流動的水都被冰封住了。

陸地上的冷血動物快凍僵了！老鼠、蜘蛛和蜈蚣，不知都躲到哪裡去了？蛇爬進乾燥的坑裡，盤作一團，靜止不動。蛤蟆鑽進爛泥巴裡，蜥蜴躲到樹墩殘留的樹皮下，睡著了。恆溫動物們都在準備著過冬，有的穿上了暖和的皮襖，有的把洞裡的小儲藏室裝滿冬糧，有的建造巢穴。

賊偷賊

森林裡的長耳貓頭鷹陰險狡詐，而且愛偷東西。可是，竟然有一個賊，把腦筋動到牠身上去了。

長耳貓頭鷹長得很像鵰鴞，只是個頭小一些。牠的嘴巴像個鉤子，頭上的羽毛挺立著，眼睛又大又圓。不管夜有多黑，牠的眼睛看得見一切，耳朵聽得到一切。

老鼠才剛在枯葉堆裡「窸窣」一響，長耳貓頭鷹已經飛來了。只聽「嘟」

的一聲，老鼠被牠抓到了半空中。小兔兒從林中空地上跑過，這個強盜已經飛到牠的頭頂。只聽「嘟」的一聲，兔子死在牠的利爪下了。

長耳貓頭鷹把死老鼠拖回到樹洞裡。牠自己不吃，也不給別人吃，牠要留到冬天最飢餓的時候才吃呢！

牠白天待在樹洞裡，守衛著儲藏品，夜裡飛出去打獵。牠常常飛回樹洞，檢查儲藏的東西是否都還在。

這天，長耳貓頭鷹忽然發現，牠的儲藏品好像變少了。這位主人眼睛很尖銳，牠雖然不會數數，可是會用眼睛估算。

天黑後，長耳貓頭鷹肚子餓了，就飛出去打獵。牠回來時發現存放在樹洞裡的老鼠全都不見了，眼尖的牠發現有隻和老鼠一樣大的灰色小野獸，在樹洞底部蠕動著。

長耳貓頭鷹想抓住那隻小野獸的腳，可是牠早已竄進一條裂縫，溜到地面上逃跑了，嘴裡還叼著一隻小老鼠。

長耳貓頭鷹飛快的追過去。就在幾乎要追上時，牠定睛一看，認出了誰是小偷。牠馬上退縮，放棄奪回小老鼠。原來這小偷是殘暴的伶鼬。

伶鼬專以掠食為生。牠個兒雖小，卻大膽靈活，敢與長耳貓頭鷹爭勝負。如果長耳貓頭鷹被牠一口咬住胸部，就別想逃脫了。

核桃鴉之謎

在森林裡，有一種烏鴉，個頭比普通的灰色烏鴉小一點，渾身長滿花斑。我們叫牠「核桃鴉」，西伯利亞人則稱之為「星鴉」。

核桃鴉收集堅果，藏到樹洞裡和樹根下，作為冬天的存糧。冬天，核桃鴉從一個地方搬到另一個地方，從一座森林飛到另一座森林，享用貯存的冬糧。牠們享用的是自己的儲藏品嗎？奇妙之處就在這裡。每隻核桃鴉所享用的堅果，都不是牠自己貯藏的，而是牠的同類貯藏的。當核桃鴉飛到一片從未到過的小樹林，就會馬上開始尋找其他核桃鴉貯藏的堅果。牠們四處查看所有的樹洞，在樹洞裡找到堅果。

要找到藏在樹洞裡的堅果很容易，可是冬天時，大地被白雪覆蓋，要如何找到其他核桃鴉藏在樹根下和灌木叢下的堅果呢？

核桃鴉飛到灌木叢邊，刨開灌木叢下面的雪，總是能精確的找到其他核桃鴉藏在下面的堅果。附近有幾千棵喬木和灌木，牠怎麼知道就是這一棵樹下藏著堅果呢？是不是因為其他的核桃鴉做了什麼記號呢？

對此我們還一無所知。

我們得設計一些巧妙的實驗，好弄清楚究竟是什麼在指引核桃鴉，讓牠在白茫茫的大雪下面，找到其他核桃鴉貯藏的堅果。

草木皆兵

樹葉凋落，森林變得稀稀疏疏。

一隻小雪兔躺在森林裡的灌木叢中，身體緊貼著地面，不敢亂動，只有兩隻眼睛不停的朝四處張望。這隻雪兔正要換上白色的毛，渾身斑斑點點的。牠感到很害怕，因為周圍老是撲簌簌的響。是老鷹在樹枝間拍動翅膀嗎？是狐狸的腳爪把落葉踩得沙沙作響嗎？還是，是獵人來了嗎？

「我要跳起來逃跑嗎？可是該往哪兒跑呀？」小雪兔想。

枯葉像鐵片似的在腳下轟響。就連移動時發出的腳步聲都能把自己嚇瘋！

小雪兔躺在灌木叢中，把身體藏在苔蘚裡，緊貼著白樺樹墩，一動也不敢動的藏著，只有兩隻眼睛在東張西望。好可怕呀……

沒有螺旋槳的飛機

最近幾天，總有一些奇怪的小飛機，在城市上空飛過。

行人抬起頭，驚奇的注視著這些飛行中隊慢慢繞圈子。

「真奇怪，怎麼沒有聽到螺旋槳的聲音呢？」

「因為它們根本沒有螺旋槳。」

「怎麼會沒有螺旋槳呢？這是什麼樣的新系統？這是什麼飛機？」

「牠們叫金鵰。牠們正在遷移，往南飛。」

「喔！原來如此，我現在也看清楚了！這是鳥在盤旋。如果您不說，我真的以為是飛機呢！牠們太像飛機了！哪怕揮動一下翅膀也好啊……」

打獵：沿著秋天泥徑遛獵犬

空氣清新的秋日早晨，獵人扛著槍來到郊外。他用短皮帶牽著兩條緊緊靠在一起的獵犬，這兩條壯實的獵犬胸脯很寬，黑色的毛裡夾雜著紅褐色斑點。

獵人走到小樹林邊，解開獵犬的皮帶，把牠們「野放」在小樹林裡。兩條獵犬立刻向灌木叢跑去。而獵人沿著樹林外圍，悄悄的走在野獸常走的小路上。然後，他站到灌木叢對面的一個樹墩後，那裡有一條隱蔽的林中小路，從樹林一直通往下面的小山谷。

忽然，老獵犬多佛瓦伊叫了起來，牠的聲音低沉而嘶啞。年輕獵犬扎利瓦伊緊跟著汪汪的叫。

獵人一聽叫聲就知道獵犬吵醒兔子，把兔子攆出來了。現在，牠們正沿著滿是泥濘的小路追趕，不時用鼻子嗅著兔子的氣味。雨後的小路泥濘不堪，秋天的地面因此總是髒髒黑黑的。

獵犬一會兒離獵人近，一會兒離獵人遠，因為兔子一直繞圈子，躲躲閃閃。

哎呀，這兩條狗也太馬虎了！那不就是兔子嘛！兔子的棕紅色皮毛在山谷裡一閃一閃的。獵人錯失了良機……

瞧那兩條獵犬！多佛瓦伊跑在前面，扎利瓦伊吐著舌頭跟在後面。牠們緊追著兔子，在山谷裡奔跑。

哎！沒關係，牠們還會拐進樹林裡的。多佛瓦伊韌性十足，只要牠發現了獵物的破綻，就不會放過，也不會錯過。牠是條老練的獵犬。

牠們又跑過去了，又跑過去了。牠們繞著圈子跑，又跑回樹林裡了。

獵人心想：「兔子一定會跑到這條小路上來。這次我可不能再錯過這個好機會了！」

突然，四周安靜了一會兒。

不久，再次傳來帶頭獵犬多佛瓦伊的叫聲，不過這一次是更狂熱、更嘶啞的叫聲。扎利瓦伊則喘著粗氣，尖聲刺耳的跟著叫。

顯然，牠們發現了另外一隻獵物的蹤跡！是什麼獵物呢？肯定不是兔子。大概是紅色的……

獵人急忙給獵槍換了子彈，裝進了尺寸最大的霰彈。

一隻兔子從小路上跑過，竄進田野裡。

獵人看見了，但是沒有舉起槍。

獵犬越追越近。一條獵犬聲音嘶啞的叫著，另一條惱怒的尖叫……突然間，在灌木叢中，在兔子剛才跑過的那條小路上，鑽出了一隻長著火紅脊背和白色胸脯的小獸。牠徑直朝獵人衝了過來！

獵人舉起槍。

小獸這才發覺，牠把毛烘烘的尾巴猛的往左一甩，又往右一甩。

太慢了！

砰！衝出的火藥把狐狸拋到空中，接著四腳朝天的摔在地上，死了。

獵犬從樹林裡竄出來，撲向狐狸。牠們用牙叼住狐狸的火紅色皮毛，撕咬著，眼看就要被扯破了！「**放下！**」獵人對牠們厲聲喝斥，接著連忙跑過去，從獵犬嘴裡奪下珍貴的獵物。

【打靶場】問答遊戲

① 根據前面的報導，哪一類動物從十月開始冬眠？

② 依照〈賊偷賊〉的報導，誰偷走了長耳貓頭鷹的儲藏品？

③ 哪一種動物可以在一大片樹林中，準確的找其它同類貯藏的堅果呢？

① 冷血動物。

② 伶鼬。

③ 核桃鴉。

第九期 冬客光臨月——秋季第三月

太陽史詩【十一月】

十一月是冬天的前奏。十一月總是一會兒下雪，一會兒泥濘；一會兒泥濘，一會兒下雪。十一月，俄羅斯的池塘與湖泊已經被冰給封住了。

秋，開始進行第三件工作：脫盡森林的衣裳，限制了河水的自由，又用雪把大地籠罩起來。森林裡，黑黝黝、光禿禿的樹木被雨水打得濕透。河上的冰閃著亮光，但是如果你在冰面上東奔西跑，腳下發出「**喀嚓**」一聲，下一秒，你就掉進冰水裡了。所有被大雪覆蓋的秋耕田，都停止了生長。

但是，現在還不是冬天，只不過是冬天的前奏。陰天過後，還會有大晴天。所有生物看到太陽時，是多麼興高采烈啊！看！這邊，黑色的蚊子從樹根下鑽出，飛上了天空；那邊，金黃色的蒲公英、款冬花在腳下盛開，這些還都是春天的花呢！

貂追松鼠

許多松鼠遷移到這兒的森林裡。在牠們原先居住的北方，松果不夠吃了。松鼠四散在松樹上。牠們用後爪抓住樹枝，用前爪捧著松果啃。

一隻松鼠原本捧在手上的松果，從腳爪滑落到雪地上了。松鼠很捨不得這顆松果，氣呼呼的叫著，從一根樹枝跳到另一根樹枝，跳到樹下去了。

牠在地上竄著跳著，跳著竄著，後腳一撐，前腿一托，向松果跑去。

牠看見一團黑漆漆的毛皮和一雙機敏的小眼睛從枯枝堆裡露出來。松鼠嚇得把松果都忘了。牠慌忙往眼前的樹上竄，順著樹幹往上爬。

一隻貂從枯枝裡跳出來，跟在後面追了上去，同樣飛快的順著樹幹往上爬。不過，松鼠已經爬到了樹梢。

貂也沿著樹枝爬上來。松鼠縱身一跳，跳到了另一棵樹上。

貂把蛇一般細長的身子縮成一團，背脊弓成弧形，縱身一跳。松鼠順著樹幹飛奔。貂緊跟在後面，也順著樹幹飛跑。松鼠的動作很靈敏，可是貂的動作更迅捷。

松鼠跑到樹頂，沒辦法再往上跑了，周圍也沒有別的樹。

眼看貂就要追上牠了……

松鼠急忙向下跳，落在另一根樹枝上，而貂依然緊追不捨。松鼠在樹枝上蹦跳，貂在粗一些的樹幹上追。松鼠跳呀跳，跳到了最後一根樹枝上。

下面是地，上面是貂。松鼠沒有選擇的餘地了，牠迅速的跳到地上，趕緊朝另一棵樹跑。

不過，在地面上，松鼠根本不是貂的對手。貂三步併成兩步就追上了松鼠，把牠撲倒在地。於是，松鼠就一命嗚呼了。

灰兔耍花招

一天夜裡，一隻灰兔偷偷鑽進了果園。蘋果樹的皮甜極了，快天亮的時候，牠已經啃壞了兩棵小蘋果樹。灰兔絲毫不理會落在頭上的雪，只是不停的啃著嚼著，嚼著啃著。

村裡的公雞叫了三遍。狗也狂吠起來。

這時，兔子才如夢方醒，應該趁人們還沒起床之前跑回森林裡。周圍白茫茫的，所以從遠處就可以看見牠那身灰棕色的皮毛。有時候牠還真羡慕渾身雪白的雪兔。

這夜新下的雪很柔軟。灰兔一路跑著，在雪地上留下腳印。長長的後腿留下的是伸直的腳跟印；短短的前腿留下的是小圓點。在這片新雪上，每一個腳印、每一個爪痕，都被看得一清二楚。

灰兔穿過田野，往森林裡跑，在身後留下一串串腳印。灰兔剛才滿足的吃過一頓，現在牠多想躲在灌木叢下打個盹啊！可不幸的是：無論牠往哪兒躲，腳印都會出賣牠。

於是灰兔只好耍花招了——弄亂腳印。

村子裡的人醒來了。主人走到果園一看，心疼的大喊：「我的老天爺！兩棵最好的蘋果樹都被剝光了皮！」他往雪地上看了看，發現樹下有兔子的腳印，馬上就明白了一切。他舉起拳頭威脅道：「走著瞧吧！你必須用你的毛皮來賠償我的損失。」

果園主人回到屋裡，往槍裡裝填彈藥，帶上槍，踏著雪出發了。

瞧，兔子就是在這兒跳過柵欄，然後往田野裡跑。可是，一進森林，腳印就圍著灌木打轉。

「哼！這招可救不了你！我會弄清楚的！」

瞧，兔子繞灌木跑了一圈，然後穿過自己的腳印。

果園主人跟著腳印追蹤，他隨時準備開槍。

突然，他站定不動。「這是怎麼回事呀？腳印中斷了，周圍全是乾淨的白雪。即使兔子跳過去，也應該看得出腳印啊！」

果園主人彎下腰仔細查看腳印。哈哈！原來這是一個新花招：兔子順著自己的腳印跑回去了。牠每一步都準確無誤的踩在原來的腳印上。乍看之下，還真難分辨出「雙層腳印」呢！

果園主人順著腳印往回走。他走著，走著，又走回田野裡。也就是說，他看走眼了！換句話說，他一定漏掉了某個線索。

他轉身，又順著「雙層腳印」向森林走去。哈哈，原來如此！「雙層腳印」很快就中斷了，再往前，腳印就是單層的了。這麼說，兔子就是從這兒跳到旁邊去的。現在的單層腳印看起來十分均勻。但是，腳印又突然中斷了，變成一行新的「雙層腳印」越過灌木叢。

兔子現在肯定是躺在灌木叢下。「你布下迷魂陣，但是可騙不了我！」果園主人得意的想。兔子確實就躺在附近。不過，並不是像獵人所猜測的那樣躺在灌木叢下，而是躺在一大堆枯樹枝下。

灰兔在睡夢中聽見沙沙的腳步聲。聲音越來越近，越來越近……

牠抬起頭，看見兩隻穿著氈靴的腳在走路。黑色的槍桿幾乎垂到了地。

灰兔悄悄的從藏身地鑽出來，如箭離弦的竄到另一堆枯枝落葉的後面。果園主人只見短短的小白尾巴在灌木叢裡一閃，兔子就無影無蹤啦！他只好雙手空空的回家。

啄木鳥的打鐵舖

在我們的菜園後面，長著許多老白楊樹和老白樺樹，還有一棵很老很老的冷杉，冷杉上掛著幾顆毬果。一隻五彩啄木鳥，飛來採摘這些毬果。啄木鳥落在樹枝上，用長嘴啄下一顆毬果，然後把毬果塞進樹縫裡，開始用嘴啄，把毬果裡的籽都啄出來後，就把毬果往地上一扔，接著採下第二顆毬果。

牠把第二顆、第三顆毬果也塞進那道樹縫裡，就這樣一直忙碌到天黑。

■發自森林記者勒．庫波列爾

美食陷阱

寒冷與饑餓的時刻來臨了！

假如你家有花園或小院子，就能輕而易舉的吸引鳥兒。在牠們斷糧的時候給牠們一點東西吃；在天寒地凍和刮風下雨的時候保護牠們、為牠們提供築巢的地方。假如你想邀請一、兩隻可愛的鳥兒長住，你只需要建造一間小屋子。

你可以在小屋子的露臺上招待客人們享用篦麻籽、大麥、小米、麵包屑、碎肉、生豬油、乳酪和葵花子。即使你住在大都市，也會有最有趣的嬌客，應你之邀飛到小屋子裡來，並在此定居。

或者，你可以拿一根細金屬絲或細繩子，將一端繫在小屋子的門上，另一端經過窗戶，通到你的房間裡。你只要拉一下金屬絲或細繩，那扇小門就會「砰」的關上。

不過，你可千萬別在夏天捕鳥。抓走了成鳥，雛鳥會餓死的。

【打靶場】問答遊戲

① 貂比較容易在樹上或是地面上抓到松鼠？

② 為什麼兔子的腳印在雪地裡中斷了呢？牠用什麼方法躲避獵人的追蹤？

③ 啄木鳥如何將毬果裡的籽啄出來？

① 地面上。

② 兔子踩著原本的腳印倒退回去；「雙層腳印」。

③ 先把毬果塞進樹縫裡固定住，再用嘴啄食。

第十期 雪徑初現月——冬季第一月

太陽史詩【十二月】

十二月，酷寒降臨。十二月鋪冰橋，十二月釘銀釘，十二月封大地。十二月是冬季的開始。

水完成了任務，連最洶湧的大河都被冰封住了。大地和森林蓋上了雪被。太陽躲到烏雲後面。白天越變越短，夜晚越變越長。

白雪埋葬了無數屍體！

一年生的植物按生長期長大、開花、結果，然後枯萎，重新化為它們過去所依附的土壤。一年生的動物，也就是許多無脊椎小動物，也都按生長期度完一生，化作塵埃。

但是，植物留下了種子，動物產下了卵。等到特定的時刻，太陽將像童話故事《睡美人》中的英俊王子那樣，用吻來喚醒它們。那時，太陽將從泥土裡

創造出新生命。

多年生的植物善於保護自己的生命，它們能夠安全度過漫長的冬季，等待春天的降臨。現在，冬季還未進入全盛期。

太陽終將回歸人間。生命將與太陽一起復活。但首先必須熬過寒冬。

打獵：神捕獵人的日與夜

十二月中旬，鬆軟的白雪，已經堆積到膝蓋的高度了。

夕陽西下時，黑琴雞們一動也不動的降落在光禿禿的白樺樹上，給玫瑰色的天空抹上一絲暗影。突然，牠們一隻接一隻的向下撲，飛到雪地裡不見了。

夜晚降臨，這是一個沒有月亮的夜，黑沉沉的。

在黑琴雞消失的林中空地上，出現了知名的獵人薩索伊其。他手裡拿著捕鳥網和火把，浸過樹脂的亞麻稈熊熊燃燒著，把漆黑的夜幕向外推開。

薩索伊其邊往前走，邊凝神靜聽。

忽然，在離他只有兩步遠的前方，一隻黑琴雞從雪下鑽了出來。明亮的火焰晃得牠睜不開眼睛，牠像隻巨大的黑甲蟲，無助的在原地打轉。獵人手腳俐落的用捕鳥網罩住牠。

就這樣，薩索伊其在夜裡活捉了不少黑琴雞。

白天，他改乘雪橇射擊琴雞。

這真讓人想不透，無論步行者如何躲藏，棲身在樹枝上的黑琴雞，絕不會讓他走過來開槍。可是，如果同一個獵人，乘著雪橇飛馳過來，哪怕車上載著集體農莊的大批貨物，那些黑琴雞也休想從他的手裡逃走！

■ 發自本報特派記者

冬天「雪書」的秘密

大地上均勻的鋪著一層白雪。現在田野和林中空地，像一本巨型書的書頁般光滑整潔。任何人在上面走過，都會留下這樣一行字「某某到此一遊」。

白天時下了一場雪。

雪停之後，這書頁又變得乾淨無瑕。早晨起床後，你會看見潔白的書頁上，印滿了各種各樣神祕難解的符號、線條、圓點和逗點。想來是有各種各樣的林中居民在夜裡來過這裡，牠們在此來回走動，蹦蹦跳跳，做了些事情。

誰來過這裡？牠們又做了什麼呢？

想弄懂這些難解的符號，讀完這些神祕的句子，你的動作要快。否則，下一場大雪過後，又將有一張乾淨平整的白紙出現在你眼前，彷彿有誰把書翻了一頁似的。

在這本冬之書上，每一位林中居民都簽了字，留下各自的筆跡和符號。人們學習用肉眼來分辨這些符號。除了用眼睛讀，還能用什麼讀呢？

動物還能用鼻子讀。比如，狗用鼻子聞聞冬之書上的字，就會讀到「狼來過這裡」，或者「剛才一隻兔子從這兒跑過」。走獸的鼻子非常聰明，牠們絕對不會認錯字。

大多數走獸用腳寫字。有的用五根腳趾寫，有的用四根腳趾寫，有的用蹄子寫，有的用尾巴、鼻子和肚皮寫。飛禽也用腳和尾巴，甚至是翅膀來寫字。

我們的記者學會了解讀這本講述林中大事的冬之書。他們花了不少時間和力氣才掌握了這門學問。不過，並非所有林中居民都用標準的楷書簽字，有些動物的字跡花俏了點。

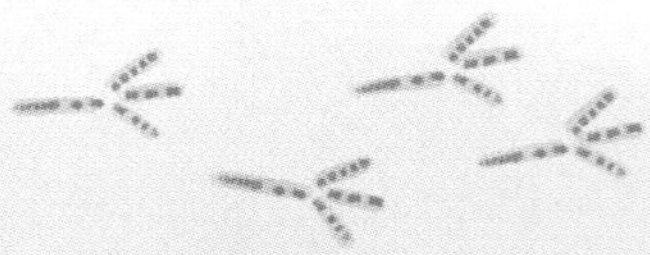

灰鼠的筆跡很容易辨識。牠們在雪地上蹦蹦跳跳，彷彿在玩跳背遊戲似的。落地的時候，灰鼠短短的前腳著地，長長的後腿岔得很開。前腳印小小的，並排印著兩個圓點；後腳印長長的，分得很開，彷彿兩根纖細的手指。

老鼠的字雖然小，可是簡單易認。牠們從雪底爬出來的時候，經常先繞個圈子，然後再朝目的地一直跑去，或者退回鼠洞裡。這樣一來，就在雪地上留下一長串冒號，而且冒號與冒號之間的距離一樣長。

飛禽的筆跡也很容易辨認。比如說，喜鵲的三根前趾在雪地上留下小十字，後趾則留下一個短短的破折號。小十字的兩側，印著翅膀羽毛留下的痕跡。而牠那梯形長尾巴，必定會在雪地上的某些地方畫下不同的符號。

這些簽字都很樸實，讓人很容易推測出來：這是一隻灰鼠，牠從樹上爬下來，在雪地上蹦跳一陣，又爬上樹了；這是一隻老鼠，牠從雪底跳出來，跑了一陣，轉了幾個圈，又鑽回雪底；這是一隻喜鵲，牠飛落下來，在凍得硬梆梆的積雪上跳了一會兒，尾巴在積雪上抹了一下，翅膀在積雪上掃了一下，然後才飛走。

不過，請你試著區分狐狸和狼的筆跡。你如果缺乏經驗，肯定會搞不清楚。

狐狸的腳印很像小狗的腳印。差別只在於：狐狸會把腳爪縮成一團，幾隻腳趾緊緊併在一起。而小狗的腳趾張開著，因此牠的腳印淺一些，鬆軟些。

狼的腳印很像大狗的腳印。區別也僅僅在於：狼的腳掌兩側往內縮，所以狼的腳印比狗的腳印更長、更勻稱；狼的腳爪和腳掌在雪上印得也更深。狼的前爪印和後爪印之間的距離，比狗爪之間的距離更大。狼的前爪印，在雪地上通常匯合成一個印子。狗腳趾上的小肉墊會併攏在一起，狼的卻不是這樣。

這些是辨別動物腳印的基礎知識。

狼的腳印特別難解讀，因為狼喜歡耍詭計，故意弄亂腳印。狐狸也一樣。

狼在走路或小跑步的時候，牠總是把右後腳整齊的踩在左前腳的腳印裡，把左後腳整齊地踩在右前腳的腳印裡。所以，牠的腳印像一條繩子那樣筆直。

你看了這樣一行腳印，或許會想：「有一隻結實的狼從這裡走過了。」

不過，其實應該這樣解讀：「有五隻狼從這裡走過去了。」

走在最前面的是一隻聰明的母狼，後面跟著一隻公狼，尾巴後頭還跟著三隻小狼，後面的四隻狼一步步仔細的踩著母狼的腳印走。

你絕對不會想到這是五隻狼的腳印。一定得認真訓練自己的眼睛，才能成為一個善於根據「雪徑」追蹤野獸的好獵人（獵人們把雪地上的野獸足跡稱作『雪徑』）。

在林中空地上，小狐狸看見了幾行老鼠的小腳印。

「哈哈！」牠想：「這下可有東西吃啦！」

牠也沒用鼻子好好「解讀」剛才是誰來過這裡，只是隨便瞧了瞧：那道腳印子一直通往那叢灌木下。

牠悄悄的走向那叢灌木。

牠看見雪地裡有個穿著灰色皮襖、拖著尾巴的小動物在蠕動。小狐狸一把抓住牠，咬了一口：「**喀吱！**」

「呸！呸！呸！什麼臭玩意兒，臭死啦！」牠連忙吐出小獸，跑到一旁去吃雪，用雪把嘴巴漱洗乾淨。那味道真是太難聞了！

小狐狸的早餐沒吃成，只不過白白的咬死了一隻小獸。

原來那隻小獸不是老鼠，是鼩鼱。

遠遠的看，鼩鼱像隻老鼠；走近一看，馬上可以認出來：牠的嘴長長的伸出來，背部隆起。牠是食蟲獸，跟田鼠和刺蝟是近親。聰明的野獸都不會去碰牠，因為牠的味道太可怕了，像麝香似的。

雪下的鳥群

兔子在沼澤地上蹦蹦跳跳。牠從一個草墩，跳到另一個草墩，從這個草墩，又跳到另一個草墩。忽然，「**撲通**」一聲，牠摔了下來，掉在雪裡。兔子覺得腳下有個東西在動。

就在這一瞬間，從附近的雪底下，飛出了一大群白鷓鴣，翅膀撲打得震天響。兔子嚇得魂飛魄散，慌忙跑回森林去。

原來，有一群白鷓鴣住在沼澤地的雪底下。白天，牠們飛出來，在沼澤地上走來走去，翻挖雪裡的蔓越橘來吃；吃了一陣子，又返回雪底下。

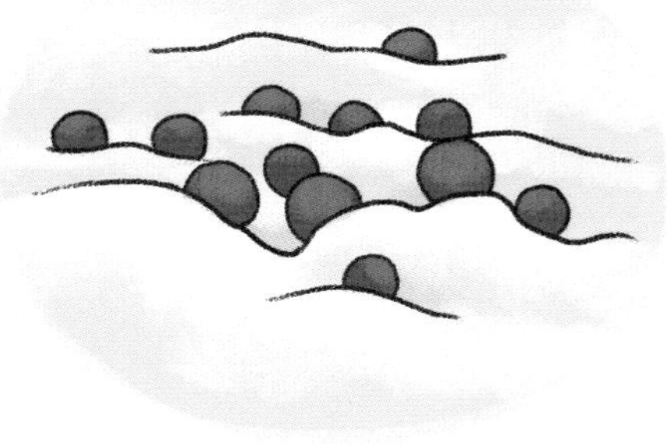

雪底既暖和又安全。又有誰能發現躲藏在雪下的牠們呢？

雪爆炸了，鹿得救了

我們的記者，曾經一直無法解讀雪地上的一些腳印，它們彷彿記載著一個謎一般的故事。

一開始，有些步態安穩的細小狹窄的獸蹄印。這不難解讀：有一隻母鹿從林子裡走過，牠絲毫沒感覺到威脅正在等待著牠。

突然，在蹄印旁，出現了許多大腳印，於是母鹿的腳印開始跳躍。

這也很好懂：一隻狼從密林裡看見了母鹿，便朝牠撲過來。母鹿飛快的從狼爪下逃走。接著，狼腳印離母鹿腳印越來越近，眼看狼就要追上母鹿了。

在一棵倒地的大樹旁，兩種腳印完全混在一塊。看來，母鹿剛剛來得及跳過大樹幹，狼也緊跟著竄了過去。

樹幹的另一邊有個深坑，坑裡的積雪，都被擊碎了，撒落在四周。彷彿有

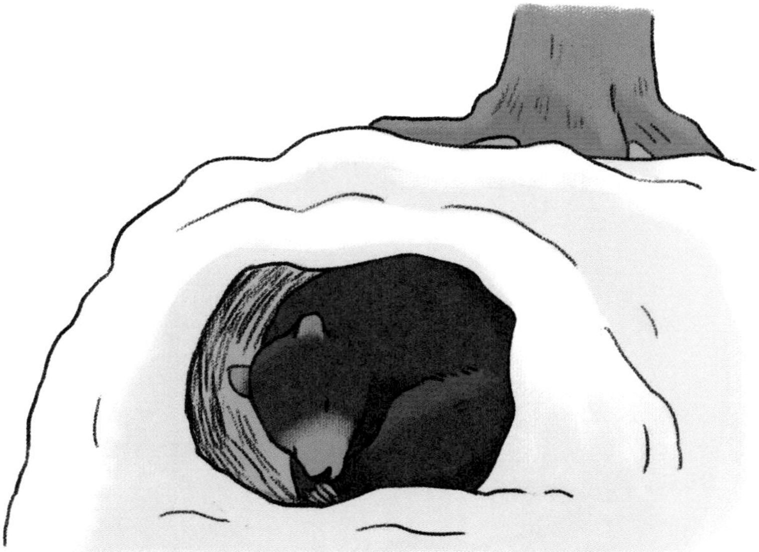

個巨型炸彈在雪下爆炸了似的。

在這之後，母鹿的腳印朝一個方向前進，而狼的腳印朝另一個方向。這當中還夾著不知從哪兒冒出來的巨大腳印，有點類似人的腳印（光著腳的腳印），只是帶著可怕的、彎彎的爪子。

究竟是什麼樣的炸彈被埋在雪裡？這可怕的新腳印是誰的？為什麼母鹿朝一個方向跑，而狼是朝另一個方向跑？這期間究竟發生了什麼事？

我們的記者，冥思苦想著這些問題良久。後來，他們終於想通這些巨大的腳印是誰的，這樣，一切都水落石出了。

母鹿憑著牠的飛毛腿，毫不費力的跳過了倒在地上的樹幹，向前飛奔。狼緊跟著也跳了起來，但是因為牠的身體太重，沒有跳過去，「撲通」一聲，狼掉進了雪堆中，四條腿一齊陷入了熊洞裡。

原來，熊洞正好在樹幹底下。

熊在睡夢中被驚醒，驚慌失措的跳了起來，於是冰雪和樹枝一起往四面八方噴飛，彷彿被炸彈炸過一樣。熊飛也似的向樹林裡逃竄，也許牠還以為有獵人要襲擊牠呢！

狼一頭栽進雪裡，看見這麼一個胖傢伙，哪裡還記得要追母鹿，只顧著自己逃命去了。

而母鹿早已逃得不見蹤影。

【打靶場】問答遊戲

① 為什麼獵人們喜歡在下過雪後打獵呢？

② 為什麼狐狸咬住鼩鼱後，立刻把牠吐了出來？

③ 哪一種鳥會住進沼澤地的雪底下？

① 因為雪地上的腳印非常明顯，若沿著腳印走，較容易發現獵物。

② 因為狐狸受不了鼩鼱的味道。

③ 白鷓鴣。

第十一期　忍饑挨餓月——冬季第二月

太陽史詩【一月】

俗話說得好：一月是走向春天的轉折，是一年的開始，是冬季的中心。嚮往著夏日的驕陽，忍受著冬天的嚴寒。

過了新年，白天如同兔子似的猛然往前一竄，拉長了。

白雪覆蓋著大地、森林和水，周圍的一切彷彿都陷入了永不甦醒的、死亡一般的沉睡之中。

每當遇到困難的時候，生命善於巧妙的進入休眠狀態。花草樹木都停止了生長，但是並沒有死亡。在白雪的死亡陰影籠罩下，它們仍蘊藏著強大的生命力，以及生長與開花的能力。松樹和冷杉把種子緊緊裹在小拳頭般的球果裡，完好的保存起來。

冷血動物在隱蔽的場所凍僵了。不過，牠們都沒有凍死，甚至像螟蛾這樣

柔弱的小昆蟲也沒有，牠們只是躲到了不同的地方隱藏起來。

許多恆溫動物，甚至連小老鼠，整個冬天還是跑來跑去。

另外，還發生了一樁怪事。本應在深雪下的熊洞裡冬眠的母熊，竟然在一月的嚴寒中，產下了一窩閉著眼睛的小熊。雖然牠自己一整個冬天什麼也沒吃，卻還能餵奶給小熊吃，一直餵到了開春！

森林裡的弱肉強食

烏鴉最先發現一具馬的屍體。

「啞！啞！」一大群烏鴉飛了過來，準備開始吃晚飯。

這時已將近傍晚，天漸漸變黑，月亮出來了。

忽然，從樹林裡傳來歎氣聲：「嗚咕，嗚，嗚，嗚……」烏鴉飛走了。

一隻鵰鴞從林子裡飛出來，落在馬屍上。牠用嘴啄著馬肉，耳朵抖動著，白眼皮眨呀眨著。鵰鴞才剛想好好的飽餐一頓，卻忽然聽見地上響起「沙沙」

的腳步聲。

鵰鴞飛上了樹，狐狸來到馬屍前。只聽見「喀吱喀吱」一陣牙齒響動。不過，牠還沒來得及吃飽，狼就來了。

狐狸逃進了灌木叢，狼撲到馬屍上。牠渾身獸毛直立，牙齒像把刀子似的剔下一塊塊馬肉，滿意得哼哼叫，連周圍的聲音都聽不見了。過了一會兒，牠抬起頭，把牙齒咬得喀喀響，似乎在威脅著說：「別過來！」接著，又繼續大快朵頤了起來。

突然，一聲雷鳴般的怒吼在狼的頭頂炸響，嚇得牠一屁股跌坐在地上，然後趕緊夾起大尾巴，一溜煙跑了。

原來是森林的主人大熊駕到。如此一來，誰也不敢走近這具馬屍。

黑夜將盡時，熊吃飽就睡覺去了。而狼夾著尾巴，一直恭候著呢！

熊剛走，狼就撲到了馬屍上。

狼吃飽了，狐狸來了。

狐狸吃飽了，鴞鴞飛來了。

鴞鴞吃飽了，烏鴉們又聚攏來了。

這時，天邊露出了魚肚白，這一頓免費大餐幾乎被吃得一乾二淨，只剩下一點碎骨頭。

林中法則的「法外之徒」

現在，所有的林中居民都在酷寒下嗚咽。林中法則寫著：冬天時，居民們必須想方設法躲避饑餓和寒冷，忘掉孵蛋的事。夏天時，天氣暖和、食物充足，那才是孵蛋的季節。

可是即使在冬天，只要食物充足，動物也可以不服從林中法則。

我們的記者在一棵高大的冷杉上，找到一個鳥巢。鳥巢搭建在積滿雪的樹枝上，幾顆鳥蛋躺在巢裡。

第二天，記者又去了那裡。恰逢寒流來襲，大家都凍得鼻子通紅。他們往

鳥巢裡一看，幾隻雛鳥已經孵出來了，赤裸著身子躺在被白雪覆蓋的巢裡，還閉著眼睛呢！

這不是很奇怪嗎？

事實上一點也不奇怪。這是一對交嘴鳥築的巢，躺在巢裡的是牠們孵出的雛鳥。

交嘴鳥既不怕冬天的寒冷，也不怕冬天的饑餓。一年四季都可以看見這種小鳥成群結隊的在樹林裡飛，牠們快樂的打著招呼，從一棵樹飛到另一棵樹，從這片樹林飛到另一片樹林。牠們一年四季過著遊牧生活：今天在這裡，明天在那裡。

春天，所有的鳴禽都忙於選擇配偶，選好地方定居下來，直到孵出雛鳥。

可是即使在這種時候，交嘴鳥依然成群結隊在樹林裡飛來飛去，在哪兒也不停留過久。

在這群不停飛行的喧鬧鳥群裡，一年四季都可以同時看到成鳥和幼鳥，讓人不禁懷疑交嘴鳥是在空中、在飛行途中生下雛鳥的嗎？

在列寧格勒，人們把交嘴鳥叫做鸚鵡，因為牠們像鸚鵡一樣穿著豔麗的五彩服裝，也因為牠們像鸚鵡一樣，經常在竿子上爬上爬下、轉圈圈。

雄交嘴鳥的羽毛是深淺不一的橙黃色，雌交嘴鳥與幼鳥的羽毛是綠色和黃色。交嘴鳥的爪子很有力，還有一張善於叼東西的嘴。牠們喜歡頭朝下，用腳爪抓住上面的細樹枝，用嘴巴咬住下面的細樹枝。

令人驚詫的是，有些交嘴鳥死後的屍體，無論過了多久都不會腐爛。老交嘴鳥的屍體可以一直躺上二十多年，連一根羽毛都不掉，一點臭味都沒有，就像木乃伊那樣。

但是最有趣的，是交嘴鳥的嘴。其他鳥都沒有這樣的嘴。交嘴鳥的嘴呈十字形，上半部分往下彎，下半部分往上翹。

交嘴鳥的嘴喙蘊藏著牠全部的力量；牠的一切神奇之處，也都可以從這張嘴喙得到答案。

交嘴鳥剛出生的時候，像其他鳥一樣，嘴喙也是直直的。可是等牠長大了一些，牠就開始啄食冷杉果和松樹果裡的種子。因此，牠柔軟的嘴喙就逐漸呈十字形彎曲起來，而且往後一生都長成這個樣子。這樣的嘴喙對交嘴鳥很有利，牠們可以輕而易舉的用交叉彎曲的嘴喙把種子從毬果裡鉗出來。

如此一來，剛才的疑問都能夠得到解答。

為什麼交嘴鳥一生都在各處的森林裡遊蕩呢？因為牠們需要尋找毬果結得最多、最好的森林。今年，列寧格勒州的毬果結得多，交嘴鳥就飛到我們這兒來；明年，北方某個地方毬果豐收，交嘴鳥就飛到那裡去。

為什麼在雪花漫天的冬季，交嘴鳥還唱歌、孵育雛鳥呢？既然四處都是毬果、食物充足，牠們為什麼不唱歌、不孵蛋呢？鳥巢裡鋪著絨毛、羽毛和柔軟的獸毛，溫暖如春。一旦雌交嘴鳥產下蛋，牠就不出巢了，雄交嘴鳥會找食物給雌交嘴鳥吃。等雛鳥鑽出蛋殼後，雌交嘴鳥就先把松樹和冷杉毬果裡的種子，在嗉囊（鳥類的消化器官）裡弄軟，再吐出來餵給雛鳥們吃。

最重要的是，松樹和冷杉一年四季都結著毬果。

交嘴鳥一旦配對，就想蓋房子、生育後代。無論這時是冬天、春天還是秋天（人們在每個月份都曾找到交嘴鳥的巢），牠們都會離開鳥群。一直到牠們築好了巢、住了進去，並且等雛鳥長大了，這一家子才會重新飛入鳥群。

為什麼交嘴鳥死後會變成木乃伊呢？

因為牠們吃的是毬果，而大量的松脂蘊含在松子和冷杉子裡。有些老交嘴鳥，在漫長的一生中，渾身都被松脂滲透了，如同皮靴給塗上了焦油似的。正是松脂讓牠們死後的屍體永不腐爛。埃及人也是往死人身上塗松脂，才使死屍變成了木乃伊。

【打靶場】問答遊戲

① 依照〈森林裡的弱肉強食〉的報導，鵰鴞怕哪種動物？而狼又怕哪種動物呢？

② 交嘴鳥的十字形嘴巴是天生就長這樣的嗎？

③ 為什麼有些交嘴鳥的屍體不容易腐爛？

① 鵰鴞怕狐狸：狼怕熊。

② 不是。

③ 因為年紀較長的交嘴鳥長年攝取富含松脂的毬果，而松脂具有防腐的作用。

第十二期 苦熬殘冬月——冬季第三月

太陽史詩【二月】

二月是冬蟄月。二月，狂風暴雪無情掃蕩；風，在雪地上飛馳而過，沒有留下任何蹤跡。

這是冬季最後一個月，也是最恐怖的一個月。這是苦熬殘冬月，是公狼母狼結婚月，是惡狼襲擊村莊和小城鎮的月份。餓狼們饑不擇食，拖走狗和羊；牠們每天夜裡鑽到羊圈裡搶劫。所有的野獸都變瘦了。牠們在秋天養出的肥肉，已無法再提供溫暖和營養了。

獸洞裡、地下倉庫裡的存糧，也快吃完了。

對於許多野獸來說，現在的白雪已經從幫助保溫的朋友，逐漸變成致命的敵人。樹枝經不起積雪的重壓折斷了。只有山鶉、榛雞和琴雞等野生的雞群喜歡深雪，牠們連頭帶尾一起埋進深雪裡過夜，感覺很舒服。

糟糕的是，當白天冰雪融化後，夜晚寒氣突襲，在雪面上蒙上一層薄冰。那麼，在太陽曬融薄冰之前，這些野生的雞只能用腦袋發瘋似的撞冰了！

二月的暴風雪刮個不停，摧毀了道路，把雪橇行駛的大道都掩埋了起來。

喜歡冬泳的小鳥

在波羅的海鐵路的迦特欽站附近，一條小河的冰窟窿旁，我們的森林記者發現了一隻黑肚皮的小鳥。

那天，雖然天上還掛著明晃晃的太陽，不過天氣出奇的冷，因此，當森林記者聽到黑肚皮小鳥快樂的在冰上歌唱時，感到很奇怪。

他走上前去，只見小鳥跳了起來，然後「撲通」一聲掉進了冰窟窿裡。

「投河自盡啦？」森林記者心想，他急忙跑到冰窟窿旁，想救起那隻精神錯亂的小鳥。

誰知小鳥正在水裡用翅膀划水呢！就像游泳選手用胳膊划水似的。

小鳥的黑脊背在透明的水裡閃著光，活像一條小銀魚。小鳥潛入河底，用尖銳的腳爪抓著沙子，在河底跑了起來。牠在一個地方停留一下，用嘴把一塊小石子翻了過來，從石子下捉出一隻烏黑的水甲蟲。不一會兒，牠已經從另外一個冰窟窿鑽出來，跳到冰面上了。牠抖了抖身上的水，若無其事的又唱起快樂的歌謠。

我們的森林記者想：「這裡大概是溫泉，小河裡的水熱呼呼的吧？」便把手伸進冰窟窿裡。可是，他立刻把手從冰窟窿裡縮了回來，他的手被冰冷的河水凍得發疼。

這時他才明白：他面前的這隻小鳥，是一種會潛水的燕雀，名叫河烏。這種鳥，跟交嘴鳥一樣，也不用服從自然法則。牠的羽毛上蒙著一層薄薄的脂肪油。當牠潛入水中的時候，那油膩的羽毛就會起泡泡，閃著銀色的光。河烏彷彿穿了一件空氣做的衣服，所以，即使在冰水裡，牠也不覺得冷。

在列寧格勒州，河烏是稀客，只有在冬天時，牠們才登門拜訪。

冰屋頂下的世界

讓我們來關心一下魚兒吧！

整個冬天，魚兒都睡在河底的深坑裡，牠們頭上是結實的冰屋頂。有時（大多是冬季即將結束的二月份）在池塘和林中湖泊裡，牠們會感到空氣缺乏。於是，氣喘吁吁的魚兒游到冰屋頂下，痙攣的張開圓嘟嘟的嘴，用嘴唇捕捉冰上的小氣泡。

魚兒也可能全部悶死在水裡。這樣的話，到了春天，冰雪消融後，你帶著釣竿到這樣的水池邊釣魚，就無魚可釣了。

因此，請記得魚兒吧！在池塘和湖面上，鑿幾個冰窟窿。還要注意別讓冰窟窿再度結凍，好讓魚兒有空氣可呼吸。

春天的前奏

這個月末，雖然雪還是積得很深，但已經不再潔白如玉、閃閃發亮。現在，

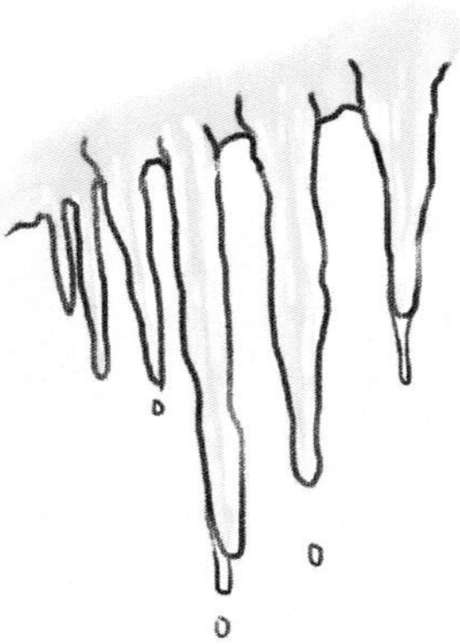

積雪的顏色變灰，失去了光澤，而且開始出現蜂窩般的小洞。掛在屋簷上的小冰柱，卻在逐漸變大，小水滴從冰柱上慢慢的流下來，地面上還出現了小水窪。

太陽露臉的時間越來越長，陽光也越來越暖和。天空已不是青白的、冰冷的冬季顏色，而是一天比一天藍。天上的雲也不再是冬季的灰色，它們開始變得一層層的，如果仔細看的話，有時還可以發現結實的積雲飄過天空。

一出太陽，窗外就響起山雀歡快的歌聲：「脫掉皮襖！脫掉皮襖！」夜晚，貓兒在屋頂開音樂會，或是打群架。

森林裡，不時傳來一陣五彩啄木鳥喜氣洋洋的鼓聲。雖然牠只是用嘴敲敲樹幹，但是聽起來，還挺像一首歌呢！

在密林深處，在冷杉和松樹下，不知是誰在雪地上畫了一些神祕的符號、難解的圖案。當獵人看見這些符號和圖案時，他的心會突然抽緊，緊接著怦怦亂跳起來。

這可是長著鬍子的「林中大公雞」松雞留下的蹤跡呀！牠那對插滿硬羽毛的有力翅膀上，在春季的冰層上劃過了一道痕跡！也就是說，松雞即將開始交配，神祕的林中音樂馬上就要響起。

最後時刻收到的特快電報

城裡出現了候鳥的先鋒部隊——白嘴鴉。冬天結束了，森林正在慶祝新的一年到來。

現在，你可以從頭閱讀《森林報》。

【打靶場】問答遊戲

① 堆積的白雪原本可以為動物們帶來溫暖，但白雪也可能變成動物們的敵人，為什麼呢？

② 哪一種鳥會鑽到冰下的水裡覓食？

③ 為什麼人們要在池塘和湖面上，鑿出冰窟窿呢？

① 越積越厚重的雪會壓斷樹枝，可能因此讓動物們受傷。

② 河烏。

③ 讓魚兒有空氣可呼吸。

旅遊頻道 YouTuber

在尋找青鳥的旅途中，走訪回憶國、夜宮、幸福花園、未來世界……

在動盪的歷史進程中，面對威權體制下看似理所當然實則不然的規定，且看帥克如何以天真愚蠢卻泰然自若的方式應對，展現小人物的大智慧！

地球探險家

動物是怎樣與同類相處呢？鹿群有什麼特別的習性嗎？牠們又是如何看待人類呢？應該躲得遠遠的，還是被飼養呢？如果你是斑比，你會相信人類嗎？

遠在俄羅斯的森林裡，動物和植物如何適應不同的季節，發展出各種生活形態呢？快來一探究竟！

咦！人類可以騎著鵝飛上天？男孩尼爾斯被精靈縮小後，騎著家裡的白鵝踏上旅程，四處飛行，將瑞典的湖光山色盡收眼底。

歷史博物館館員

探索未知的自己

影響孩子一生的世界名著

未來，你想成為什麼樣的人呢？探險家？動物保育員？還是旅遊頻道YouTuber……
或許，你能從持續閱讀的過程中找到答案。
You are what you read!
現在，找到你喜歡的書，探索自己未來的無限可能！

你喜歡被追逐的感覺嗎？如果是要逃命，那肯定很不好受！透過不同的觀點，了解動物們的處境與感受，被迫加入人類的遊戲，可不是有趣的事情呢！

哈克終於逃離了大人的控制，也不用繼續那些一板一眼的課程，他以為從此可以逍遙自在，沒想到外面的世界，竟然有更大的難關在等著他……

到底，要如何找到地心的入口呢？進入地底之後又是什麼樣的景色呢？就讓科幻小說先驅帶你展開冒險！

動物保育員

森林學校老師

打開中國古代史，你認識幾個偉大的人物呢？他們才華橫溢、有所為有所不為、解民倒懸，在千年的歷史長河中不曾被遺忘。

瑪麗跟一般貴族家庭的孩子不同，並沒有跟著家教老師學習。她來到在荒廢多年的花園，「發現」了一個祕密，讓她學會照顧自己也開始懂得照顧他人。

影響孩子一生名著系列 09

森林報

讚嘆大自然的奧妙

ISBN 978-986-95585-5-6 / 書 號：CCK009

作　　者：維・比安基 Vitaly Bianki
主　　編：陳玉娥
責　　編：呂沛霓、黃馨幼
插　　畫：鄭婉婷
美術設計：鄭婉婷、蔡雅捷
審閱老師：張佩玲

出版發行：目川文化數位股份有限公司
總 經 理：陳世芳
發　　行：周道菁
行銷企劃：朱維瑛、許庭瑋、陳睿哲
法律顧問：元大法律事務所 黃俊雄律師
台北地址：臺北市大同區太原路 11-1 號 3 樓
桃園地址：桃園市中壢區文發路 365 號 13 樓
電　　話：(02) 2555-1367
傳　　真：(02) 2555-1461
電子信箱：service@kidsworld123.com
劃撥帳號：50066538

國家圖書館出版品預行編目 (CIP) 資料

森林報 / 維．比安基作．-- 初版．--
臺北市：目川文化，民 106.12
面；　公分．--（影響孩子一生的世界名著）
ISBN 978-986-95585-5-6（平裝）
1．森林 2．動物 3．植物 4．通俗作品

436.12　　　　106025085

網路書店：*www.kidsbook.kidsworld123.com*
網路商店：*www.kidsworld123.com*
粉 絲 頁：FB「悅讀森林的故事花園」

印刷製版：長榮彩色印刷有限公司
總 經 銷：聯合發行股份有限公司
地址：新北市新店區寶橋路 235 巷 6 弄 6 號 4 樓
電話：(02)2917-8022
出版日期：2018 年 5 月（初版）
定　　價：280 元

建議閱讀方式

型式	圖圖圖	圖圖文	圖文文		文文文
圖文比例	無字書	圖畫書	圖文等量	以文為主、少量圖畫為輔	純文字
學習重點	培養興趣	態度與習慣養成	建立閱讀能力	從閱讀中學習新知	從閱讀中學習新知
閱讀方式	親子共讀	親子共讀 引導閱讀	親子共讀 引導閱讀 學習自己讀	學習自己讀 獨立閱讀	獨立閱讀